Kreative Beschäftigung für Papageien, Sittiche & Co.

Über 100 Ideen & Anleitungen zum Basteln, Schreddern, Zerlegen

ARNDT-VERLAG
WIR LIEBEN VÖGEL!

Inhalt

Fotos: oben: Gaby Schulemann-Maier, unten: Mario Bichler

Vorwort der Autorin

Nachdem ich 2014 zum ersten Mal bei einem der sehr beliebten Papageien- und WP-Magazin-Workshops des Arndt-Verlags und der Loro Parque Fundación auf Teneriffa teilgenommen hatte, wusste ich, dass ich wiederkommen würde! Im darauffolgenden Jahr nahm ich erneut beim Workshop teil, und ich konnte Dr. Matthias Reinschmidt dafür gewinnen, ein von mir entwickeltes Kea-Spielzeug live im Loro Parque zu testen. Und es kam noch besser! Ich bekam darüber hinaus die Gelegenheit, dieses Spielzeug den anderen Teilnehmern vorstellen und erklären zu dürfen. Erstmalig schnupperte und genoss ich Vortragsluft! Und genau zu diesem Zeitpunkt wurde auch Thomas Arndt auf mich aufmerksam.

Es folgten Artikel im WP-Magazin. 2016 hatte ich die Möglichkeit, eine kleine Bastelserie in dieser Zeitschrift zu veröffentlichen. Es war mir eine Freude, meine Ideen an die Leserinnen und Leser des Magazins weiterzugeben. Mit jedem Artikel kamen mir neue Beschäftigungsideen, die ich gerne veröffentlichen wollte. Damit war auch die Grundlage für dieses Buch geboren.

„Kreative Beschäftigung für Papageien, Sittiche & Co. - Über 100 Ideen & Anleitungen zum Basteln, Schreddern, Zerlegen“.

Ein Titel, der beschreibt, was ich mit diesem Buch erreichen möchte. Immer wieder höre ich den Satz: „Das Spielzeug hat mein Coco nach 10 Minuten zerstört!“ Ich gebe zu, oft ist es so. Im Allgemeinen wird angenommen, dass ein Spielzeug langlebig sein muss. Ich widerspreche dem. In diesem Buch findet man hauptsächlich Bastelideen für Spielzeuge, welche leicht zerstörbar sind. Im Handel gibt es solches Spielzeug auch, doch oft wird es aus Gründen der kurzen Lebensdauer und des Preises nicht erworben. Dabei ist es schade, unseren Papageien und Sittichen diese Art von Beschäftigung vorzuenthalten. Nun liegt das Endergebnis meines Buches vor, und ich hoffe, ich kann die Freude und den Spaß am selber Basteln weitergeben und damit vielen Papageien und Sittichen ein tolles, spannendes und abwechslungsreiches Leben bei ihren Haltern schenken.

Mein besonderer Dank gilt Herrn Thorsten Gerke für die angenehme Zusammenarbeit während der Planung und Herrn Dr. Matthias Reinschmidt, der mir tolle Möglichkeiten im Loro Parque ermöglichte. Bei Herrn Thomas Arndt bedanke ich mich besonders für die fachlichen, immer gut gemeinten Verbesserungsvorschläge. Ebenso Dank dem Verleger René Wüst, durch den die Realisierung dieses Buches überhaupt erst möglich wurde.

Jennifer Gekeler, Münsingen

Finchsittiche in Ihrer Bruthöhle auf Costa Rica
Foto: Michael Hoffmann

Papageien benötigen nicht einfach nur Nahrung, um gesund und glücklich zu bleiben. In der Heimvogelhaltung spielt auch die Beschäftigung der Tiere zur Vermeidung von Langeweile eine große Rolle. Warum das so ist, lässt sich anhand der Lebensweise der wild lebenden Verwandten leicht erklären. In der freien Wildbahn verbringen die meisten Tierarten ihre Zeit hauptsächlich damit, Nahrung zu suchen. So auch Papageien, Sittiche und Co.

Die Vögel fliegen weite Strecken, um von ihren Schlafbäumen aus an die Futterplätze zu gelangen. Dabei sind sie sehr schlau und setzen ihre Intelligenz ein, um ihre Lieblingsnahrung zu finden. Somit werden sie jeden Tag sowohl körperlich, als auch intellektuell gefordert, was bei der Heimvogelhaltung nur bedingt gegeben ist. Papageien in Volieren werden nie große Flugstrecken zurücklegen müssen, um Futter zu finden. Der bis oben hin gefüllte Futternapf befindet sich in der Regel direkt neben dem Schlafast. Höchstenfalls strengen sie sich an, die fettreicheren Sämereien herauszusuchen. Die Fitness der Papageien wird dabei nicht gefördert, die Intelligenz nur insofern, wie das Beste auf bequemste Weise herausgepickt werden kann. Dieses bequeme Leben kann zu Langeweile bei den Tieren führen, zu Übergewicht, Rupfverhalten, Krankheiten und vieles mehr. Um dem entgegenzuwirken, gibt es mehrere Möglichkeiten, den Papageien einen spannenden und abwechslungsreichen Alltag zu bescheren.

Das Klickertraining zum Beispiel bestätigt und belohnt erwünschte Verhaltensweisen durch einen Klicklaut. Jedoch ist das Klickertraining nicht immer leicht zu erlernen, und ohne richtiges Timing funktioniert es oft nicht nach den gewünschten Vorstellungen. Es gibt etliche Bücher, die dieses Thema behandeln, und Fachleute, die sich auf dieses Gebiet spezialisiert haben und an die man sich wenden kann.

Ein Partnervogel oder sogar ein ganzer Schwarm von Artgenossen garantiert wohl die natürlichste und schönste Beschäftigung für unsere gefiederten Freunde, die nahezu alle gesellige Tiere mit einem ausgeprägten Sozialverhalten sind. Das Leben in Gemeinschaft bietet den Tieren zudem Schutz und Sicherheit. Die Paarbindung ist bei Sittichen, vor allem aber bei größeren Papageienarten, wie z.B. den Aras, stark ausgeprägt. Haben sich die Vögel nach Erreichen der Geschlechtsreife einmal zusammengeschlossen, leben sie mitunter viele Jahre oder sogar ein ganzes Leben lang monogam. Wir „Halter" von Papageien, Sittichen und Co sind zwar als soziale Komponente bzw. Freund wichtig, aber wir können einen artgleichen Gesellen nicht in vollem Umfang ersetzen, schon alleine deswegen nicht, weil wir oft abwesend sind. Ein Artgenosse hingegen ist Tag und Nacht an der Seite seines Partners. Ein Mensch kann das gemeinsame Fressen, die gegenseitige Gefiederpflege oder das Spielen nicht auf solche Weise erfüllen, wie es ein Partnervogel kann.

Einzelvögel gibt es leider dennoch genügend. Mancher Vogelhalter fürchtet, dass ihm sein Tier nicht mehr so zugewandt sein wird, wenn es einen Artgenossen bei sich hat. Besitzer von Sittichen und Papageien genießen es zudem, wenn ihr Vogel Wörter erlernt und „nachplappert". Dieses Verhalten wird oft falsch interpretiert, weil der Besitzer eines Einzelvogels davon ausgeht, dass das Tier Freude daran hat. Dabei passt es sich im Wunsch zu kommunizieren lediglich dem Menschen an. Nicht immer, aber in den meisten Fällen ist eine Vergesellschaftung eines Einzelvogels auch nach vielen Jahren noch möglich. Wir müssen uns aber im Klaren sein, dass ein Papagei oder Sittich, der seit Jahren ohne Partner lebte, unter Umständen viel Zeit benötigt, um sich an einen neuen Artgenossen zu gewöhnen.

Als positives Beispiel möchte ich hier meinen Nymphensittich „Arni" vorstellen. Er wurde von mir von Hand aufgezogen, da die Elterntiere ihn nicht mehr fütterten. Er verbrachte lange Zeit als Einzelvogel bei mir und begann, Wörter und Lieder nachzuahmen. Nachdem er alt genug war, ließ ich „Arni" zu anderen Vögeln in die Außenvoliere. Sofort verliebte er sich in die Nymhensittichdame „Sunny". Es folgten Jungtiere, und „Arni" sang seinen Küken jeden Tag Lieder vor. Auch mir gegenüber blieb er zutraulich.

Eine weitere natürliche Art der Beschäftigung ist das Anbieten von Pflanzen, denn Vögel lieben es, an diesen zu knabbern.

Gehölz

Vielfältige Spielzeuge lassen sich mit Hilfe von Ästen und anderen Planzenteilen, z.B. Rinde, herstellen. Besonders geeignet hierfür sind Zweige von unbehandelten Obstbäumen, wie z.B. Apfel, Birne, Süßkirsche - aber auch Buche, Lärche, Esche, Fichte, Haselnuss, Ulme, Weide, Pappel, Tanne oder Kiefer sind geeignete Hölzer.

Ungeeignet hingegen sind Gehölzer wie z.B. Wacholder und Rhododendron. Auch unbekannte Pflanzen sollten vorsichtshalber niemals in die Reichweite der Vögel gelangen! Im Zweifelsfall fragt man einen Fachmann um Rat.

Auf dem Bild sieht man, wie geschickt der Graupapagei auf einem dünnen Ast klettern und spielen kann. Auch hat er es auf die kleinen, frischen Knospen am Ende des Zweiges abgesehen. In ihrem natürlichen Lebensraum wachsen die leckersten Knospen, Früchte, Samen häufig auch an dünnen Ästchen.
Foto: Michael Hoffmann

Bambus und Weide

Zu den bevorzugten Pflanzen, die Papageienhalter ihren Vögeln anbieten, gehören Bambus und Weide. Beide sind variabel einsetzbar. Sie wachsen sehr schnell. Einmal gekauft, kann man ewig davon profitieren.

Tipp: Pflanzt man den Bambus im Garten aus, empfiehlt es sich, eine Rizomsperre einzubauen. Sie dient unter der Erde als Schutz vor unkontrolliertem Wurzelwachstum. Setzt man dem Bambus keine Grenzen, hat man innerhalb kürzester Zeit den Garten voll mit ihm und unter Umständen Ärger mit dem Nachbarn, der sich in den wenigsten Fällen darüber freuen wird, wenn diese Pflanze auch in seinem Garten wuchert. Alternativ dazu kann man die Pflanzen in einen Pflanztopf setzen. Es empfiehlt sich, einen Plastiktopf zu verwenden, da ein Tontopf durch das starke Wurzelwachstum in kurzer Zeit gesprengt werden würde. Den Topf platziert man außerhalb der Voliere, da die Papageienschnäbel den Bambus innerhalb kurzer Zeit aussehen lassen würden wie eine Rankhilfe im Gewächshaus. Man kann dann von der Pflanze, je nach Bedarf, mehrere frische Äste abschneiden und sie für die Beschäftigung der Papageien in die Voliere hängen.

Kiefernzweige auch die Zapfen sind besonders gut geeignet für verschiedene Kakadu Arten, aber auch andere Arten wie dieser Schwarzohrpapagei hat sichtlich Spaß an den kleinen Zweigen. Foto: Michael Hoffmann

Nymphensittich Macho macht sich an einem kleinen Bambuszweig zu schaffen. Foto: Jennifer Gekeler

Blüten, Kräuter und frische Hirse

Viele meiner Spielzeugideen können mit Kräuterzweigen oder Blüten aufgepeppt werden. Hierbei ist es wichtig, dass man diese nicht in zu großen Mengen verfüttert. Wenn ein Vogel gewisse Kräuter noch nicht gewöhnt ist, können Verdauungsprobleme auftreten. Im Sommer hat man in der Natur reichlich Zugang zu frischen Kräutern und auch Blüten. Im Winter kauft man Bio-Kräuter in guter Qualität am besten beim Gärtner des Vertrauens. Bio-Kräuter aus dem Supermarkt weisen oftmals keine so lange Haltbarkeit auf. Blüten sind für Papageien und Sittiche auf Grund ihres Nektar- und Pollengehaltes wunderbar geeignet, was insbesondere für die Verfütterung an Loris zutrifft.

Meine Zebrafinken z.B. lieben frischen Klee. Wir finden die Blüten auf allen Wiesen, doch sollten wir nur auf ungedüngten und hundekotfreien Flächen ernten. Für Tierhalter, die extra aufs Land fahren, um dort für Ihre Lieblinge frische Blüten, Spitzwegerich oder andere Pflanzen zu sammeln, ist es meist unmöglich, festzustellen, ob diese Wiese gedüngt ist. Auch dieses Problem kann man umgehen: Wir haben ja schon Kräutertöpfe im Haus, warum sollte man

Diese Gebirgsloris haben Löwenzahnblüten zum Fressen gern.

Alle Fotos dieser Doppelseite: Jennifer Gekeler

nicht auch frische Blüten anpflanzen? Man kann Bio-Samen kaufen, die für unsere Lieblinge in Frage kommen und diese auf der Fensterbank aufziehen. Die Favoriten meiner Vögel sind Ringelblume, Löwenzahn, Kapuzinerkresse, halbreife Hirse und Klee. Für jede dieser Sorten gibt es in gut sortierten Gartencentern Samen. Auch hier zählt wieder Qualität vor Quantität.

Die Samen werden auf die Bio-Erde im Töpfchen verteilt, dann wird etwas Erde daraufgegeben und mit Wasser angegossen. Nun heißt es nur noch abwarten, schon nach kurzer Zeit fangen die ersten Pflänzchen an zu sprießen. Dann kann man, je nach Bedarf, die Kräuterzweige, Blüten oder halbreife Hirse abzwicken und verwenden. Auch Wegerich wird von den Vögeln geliebt, doch lässt sich dieser in der Wohnung schlecht pflegen und muss im Freien gepflanzt werden.

Beschäftigung durch Spielzeuge

Wie ich im Vorwort kurz angesprochen habe, ist es das Wichtigste bei der Beschäftigung unserer Papageien und Sittiche, dass sie ein Erfolgserlebnis erhalten, sei es durch das Zerstören eines Spielzeuges oder bei Foraging-Toys durch das Finden von Leckereien.

Spielzeuge, welche eine lange Lebensdauer aufweisen, sind gut für den Geldbeutel des Halters, aber meist nur bedingt geeignet für die Vögel. Es sei denn, es sind Foraging-Toys, die man immer wieder aufs Neue befüllen kann. Während wir Menschen Dekorationsartikel lieben, weil wir diese schön finden, ist ein Papagei hingegen durch das alleinige Betrachten eines Spielzeuges nicht langanhaltend beschäftigt. Er langweilt sich, und Folgeprobleme wie z.B. Rupfen

Einer meiner Nymphensittiche, „Arni", liebt die sogenannten Schredder-Kringel. Diese werden so lange von ihm bearbeitet, bis sie fast durchgebissen sind. Doch versteht es sich von selbst, dass er auch Abwechslung durch anderes Spielzeug erhält.

oder Selbstzerstörung können auftreten. Bei Hausbesuchen sehe ich oft, dass Spielzeuge in der Voliere oder im Schlafkäfig nicht passend platziert werden. Es ist wichtig, dass wir sie auch an Orten aufhängen, die nur kletternd oder fliegend zu erreichen sind. Befestigt man das Spielzeug direkt vor dem Vogel, bleibt er immer am selben Platz sitzen, und somit sind Ballen- oder andere Probleme der Füße vorprogrammiert.

Foto: Mario Bichler

Sicherheit

Der Aspekt der Sicherheit ist ein wichtiges Thema und sollte nicht unbeachtet bleiben. Spielzeuge aus Fachgeschäften werden meistens von erfahrenen Herstellern produziert. Dennoch gibt es auch hier „schwarze Schafe", die aufgrund des billigen Preises ungeeignete Materialien verwenden, z.B. Zinkteile.

Einige Spielzeugetiketten findet man beschriftet mit dem Satz: „Bitte lassen Sie Ihr Tier nicht unbeaufsichtigt damit spielen". Dies sollte man unbedingt wörtlich nehmen! Die Gefahren, die durch falsches Spielzeug ausgehen, können vermieden werden, wenn man die wichtigsten Sicherheitstipps beachtet und umsetzt.

Foto: Michael Hoffmann

Die wichtigsten Sicherheitstipps bei Spielzeugen

Verunreinigungen und Keime

Werden Äste aus der Natur zur Beschäftigung verwendet, sollten diese gesäubert werden, um Verunreinigungen z.B. Kot der Wildvögel, zu beseitigen. Auch sollten Keime in Betracht gezogen werden, z.B. bei Toiletten- und Küchenrollen.

Papier und Kartons

Wir sollten den Tieren nur unbeschichtete Kartons oder Verpackungspapier anbieten. Exemplare mit Kleberesten aus Kunststoff sollten zum Basteln nicht verwendet werden. Gelegentlich finden wir an oder in Kartons Heftklammern, diese sollten auch unbedingt vorher entfernt werden. Die in Zeitungen und bei Kartons verwendete Druckerschwärze ist in der heutigen Zeit nicht mehr schädlich.

Äste

Es sollten keine Rundstäbe aus dem Baumarkt als Sitzäste verwendet werden, da diese zu Ballenproblemen an den Füßen führen können. Besser geeignet dafür sind unterschiedlich dicke Äste aus der Natur. Als kleines Bastelteil zum Auffädeln, können wir solche Stäbe natürlich ohne Bedenken, verwenden.

Spielzeuge mit Zink

Zink ist nicht nur bekannt als lebenswichtiges Spurenelement, welches in der Nahrung vorkommt. Es ist auch ein

Schwermetall. Anorganisches Zink, in metallischer Form, ist eine unterschätzte und tödliche Gefahr für unsere gefiederten Freunde! Im Handel findet man leider dennoch viele, hauptsächlich billige Produkte, mit anorganischem Zink. Nicht nur bei Spielzeugen, sondern auch beim Kauf von anderem Vogelzubehör, z.B. Volieren, sollte darauf geachtet werden, dass diese aus Edelstahl hergestellt sind.

Dünne Schnüre

Spielzeuge mit langen, dünnen Wollfäden gibt es sehr häufig im Handel. Sie sind geradezu „Verkaufsschlager". Sie sind günstig, schön anzusehen, und viele Papageien lieben sie, da sie wunderbar daran herumzupfen können.

Auch ich musste die leidvolle Erfahrung machen, dass einer meiner kleinen, jungen Wellensittiche, eines Tages, mehrere, dünne Fäden um seinen Hals gewickelt und sich zu Tode stranguliert hatte. Sofort verbannte ich jegliches Spielzeug mit dünnen Schnüren aus meinen Volieren. Eine Einsicht, die man als Vogelhalter oftmals erst bekommt, wenn es zu solchen Vorfällen gekommen ist. Es muss nicht immer tödlich enden. Kann der Papagei oder Sittich sich aus der misslichen Lage nicht sofort befreien, gerät er in Stress. Aus Panik wird der Vogel sich mehr und mehr in den Fäden und dünnen Schnüren verheddern, wenn diese sich um seine Füßchen wickeln und eventuell Gliedmaßen abschnüren. Es kann auch vorkommen, dass ein Papagei oder ein Sittich, die kleinen dünnen Wollfäden auffrisst. Daher muss überprüft werden, ob er nur daran zupft oder Teile im Schnabel verschwinden lässt. Frisst der Vogel davon, muss das Spielzeug unbedingt aus der Voliere entfernt werden. Anzeichen, dass Wollfäden verschluckt worden sind und es dem Tier nicht gut geht, bemerkt man leider oft sehr spät. Dann allerdings ist ein Besuch bei einem fachkundigen Tierarzt unumgänglich.

Foto: Jennifer Gekeler

Sicherheitsrisiko Wollfäden. *Foto: Michael Hoffmann*

Seile oder Edelstahlketten

Seile

Die Seile, die wir zum Basteln verwenden, müssen unbedingt an die Größe des Papageis oder Sittichs angepasst werden. In meinen Anleitungen finden sich darum keine Angaben in Bezug auf die Durchmesser der Seile. Sie sollten lieber zu dick gewählt werden, als zu dünn, damit sich der Vogel nicht strangulieren kann. Aus gleichem Grund sollte, wenn bei der Herstellung eines Spielzeuges am unteren Ende einige Zentimeter Seil übrig bleiben, dies unbedingt auf drei Zentimeter gekürzt werden. Man sollte geflochtene Seile gedrehten Baumwollseilen vorziehen. Sie lösen sich nicht so schnell in einzelne Stränge auf, in die sich die Vögel verheddern könnten.
Beispiel: Man hängt am Morgen ein völlig intaktes Spielzeug aus Baumwolle in die Voliere, und wenn man abends wieder nach Hause kommt, erkennt man dieses nicht wieder. Oft ist es völlig zerzaust und aus einer dicken Baumwollschnur wurden kleine einzelne Wollfäden. Der Papagei war beschäftigt worden, aber man hat zugleich eine tickende Zeitbombe in der Voliere angebracht und kann von Glück reden, wenn der Papagei noch auf seinem Ast sitzt und freudig vor sich hin pfeift.

Um diese Gefahr zu minimieren, können wir z.B. Schnüre aus unbehandeltem Leder verwenden. Diese fransen nicht aus und es bilden sich keine dünnen Fäden, in denen sich der Vogel „verheddern" könnte. Die Dicke der Schnur müssen wir aber auch hier unseren Krummschnäbeln anpassen. Ungeeignete Durchmesser können ein Sicherheitsrisiko darstellen.

Ketten

Es sollten Edelstahlketten verwendet werden. Auch muss man darauf achten, dass die einzelnen Kettenglieder verschweißt und komplett geschlossen sind. In den meisten Baumärkten findet man leider auch Edelstahlketten, die nicht komplett verschweißt sind und am Rande kleine Zacken aufweisen. Dies ist gefährlich, denn ein Vogel kann sich im Eifer des Gefechtes sehr schnell daran verletzen. Wichtig ist es zudem, dass man, angepasst an den Vogel, die richtige Kettenstärke und keinen zu großen Durchmesser der Kettenglieder benützt.

Karabinerhaken mit Schraubverschluss verwenden

Die Zunge der Papageien kann bei einem normalen Schnappverschluss eingeklemmt werden, Verletzungen sind dann die Folge. Darum sollten ausschließlich sogenannte „Kettennotglieder mit Schraubverschluss" verwendet werden. Es gibt diese in verschiedenen Größen, in Onlineshops, Läden die sich auf Papageien- und Sittichzubehör spezialisiert haben und in gut sortierten Baumärkten.

Beispiel: Kettennotglieder aus Edelstahl *Foto: Jennifer Gekeler*

Spielzeuge aus Plastik oder Kleinteilen

Kunststoff kann aufgrund einiger Weichmacher im schlimmsten Fall zum Tod des Tieres führen. Vorsicht ist daher geboten und die Bestandteile sind genau zu hinterfragen. Aufmerksamkeit ist geboten, wenn Spielzeuge beispielsweise mit kleinen Perlen oder anderen Bastelteilen aus Plastik dekoriert sind. Auch Foraging-Toys werden hauptsächlich aus Kunststoffen hergestellt. Ein Vorteil ist zweifelsohne, dass sie gut zu reinigen sind. Aber, allzu weiches Material führt dazu, dass die Vögel kleine Stücke abknabbern und verschlucken können. Härtere Kunststoffvarianten sollten daher bevorzugt werden! In dem Kapitel „Intelligenzspielzeuge" findet man Anleitungen aus Polycarbonat, einem extrem, festen Material, welchem sogar die Schnäbel der Hyazintharas nichts anhaben können.

Dieser Timneh Graupapagei hat sichtlich Spaß mit einer Plastikkette. Für einen Papageien mit einem kräftigeren Schnabel, z.B. einem Soldatenara, könnte dies zur Gefahr werden.
Foto: Michael Hoffmann

Beschichtete Spielzeuge

Gelegentlich werden Futterbälle für die Beschäftigung unserer Papageien und Sittiche verwendet. Diese werden zum Beispiel an einer Kette aufgefädelt und anschließend mit Gräsern oder Kräutern gefüllt. Leider ist es so, dass die Bälle, welche man im Handel erwerben kann, zu 99 % nicht geeignet sind für unsere Papageien und Sittiche.
Solch ein Futterball sollte nicht mit Kunststoff beschichtet oder verzinkt sein, denn viele Vögel knabbern daran, und das schadet ihnen. Ich empfehle, sie, variabel einsetzbar, aus Papier herzustellen, s. Seite 40 plus 41. Auch diese Bälle können mit Kräuter, Blüten,... gefüllt werden.

Hierbei sollte beachtet werden, dass die Gräser nicht feucht oder nass sind, weil die Feuchtigkeit das Papier aufweichen und der Futterball auseinander fallen würde. Auch ist es wichtig, dass, ein aus Edelstahl oder Papier gefertigter Ball, der Größe unserer Lieblinge angepasst ist. Er sollte nicht zu groß und nicht zu klein sein.

Auf diesem Bild sieht man einen beschichteten Futterball, welcher mit Gräsern gefüllt wurde und von den Wellensittichen und Nymphensittichen gut angenommen worden war. Meine Vögel hatten diesen Ball, nie angeknabbert, aber wie eingangs des Buches erklärt, ist jeder Vogel anders und man muss sie immer im Auge behalten. *Foto: Jennifer Gekeler*

Nist- oder Füllmaterialien

Wenn wir zum Füllen eines Spielzeuges Schredderpapier verwenden, muss darauf geachtet werden, dass dieses frei von Staub oder Schimmel ist.
Im Handel werden gelegentlich Kokosnüsse mit Nistmaterial angeboten, als Höhle für die kleineren Vögel wie z.B. Zebrafinken. Diese Füllung besteht oft aus Kokos- oder Hanffasern, auch hier können ungeahnte Gefahren lauern, wie folgende Geschichte beweist.

In meiner Naturaußenvoliere mit Wellensittichen, Nymphensittichen und Zebrafinken, mit verschiedenen Pflanzen und Rückzugsmöglichkeiten für die Vögel, hatte ich Hanf- und Kokosfasern, als Nistmaterial für die Zebrafinken, verwendet. Eines Tages bemerkte ich, dass ein Zebrafinkenmännchen aussah wie eine Sternschnuppe. Es hatte eine Art Schweif am Füßchen, welches sich aber als Hanffasern herausstellte. Leider verlor das Männchen aufgrund des Abbindens durch die Fasern einige Zehen. Erfreulicherweise hatte es dennoch ein schönes Leben und noch mehrere Jungtiere großgezogen.

Alle Fotos dieser Seite: Jennifer Gekeler

Weitere Sicherheitsrisiken

Hier sieht man mehrere Sicherheitsrisiken auf einmal: Es wurde ein Karabinerhaken ohne Schraubverschluss verwendet. Die Ketten sind aus Zink. Es gibt zu viele Möglichkeiten, in die sich der Wellensittich verheddern könnte.

Spiegel gehören nicht in einen Vogelkäfig! Verhaltensstörungen sind vorprogrammiert.

Bild: Dieser Mohrenkopfpapagei sitzt auf einem Spielzeug, welches eindeutig für Großpapageien hergestellt wurde. Es ist ein gutes Beispiel dafür, dass auch dies funktionieren kann. Es sollten aber unbedingt mögliche Sicherheitsrisiken ausgeschlossen werden.
Foto: Michael Hoffmann

Do it yourself - Basics

In diesem Kapitel stelle ich euch die „Basics" vor. Unter dem Begriff „Basics" verstecken sich diejenigen Bastelteile bzw. Bastelutensilien, die in diesem Buch am häufigsten verwendet werden. Sie sind oftmals Grundlage meiner Spielzeuge, darum empfiehlt es sich, zunächst einige dieser Basics herzustellen. Es ist wichtig, dass wir Materialien von guter Qualität verwenden, denn die Vögel knabbern, fressen und zerstören. Je nachdem, gibt es Liebhaber von Lederschnüren, Papier, Acrylspielzeugen, usw. . Wenn wir die Vorlieben unserer Papageien und Sittiche kennen, können wir unsere Beschäftigungsangebote für sie anpassen. Es gibt mittlerweile viele Onlineshops, die nicht nur bunte Holzklötze, Korkstücke oder Balsaholz anbieten. Auch Außergewöhnliches wie z.B. Luffa-Scheiben - das sind getrocknete Früchte des Schwammkürbisses - werden in solchen Shops verkauft. In diesem Buch findet man jedoch Bastelanleitungen für Spiel und Beschäftigung, die man normalerweise nicht anderswo erwerben kann.

Foto: Jennifer Gekeler

Um die Spielzeuge ohne große Umwege oder Probleme herstellen zu können, habe ich die wichtigsten Tipps zusammengefasst:

Tipp 1

Sicherheitsrisiken beachten! Falsche Handhabung kann zur Gefahr für Mensch und Tier führen. Jegliche Anleitung sollte zunächst komplett durchgelesen werden, um Tipps und Tricks berücksichtigen zu können.

Tipp 2

Unsere Hände werden zumeist voller Mehlkleister oder Farbe sein. Somit empfiehlt es sich, das Buch in einen Buchständer zu stellen, um Verunreinigungen an den Seiten zu verhindern und dennoch die entsprechende Anleitung vor Augen zu haben.

Tipp 3

Vor Bastelbeginn sollten alle Arbeitsmaterialien auf der Arbeitsfläche bereit gelegt werden. Papier sollte getrennt voneinander liegen, um versehentliche Verklebungen zu vermeiden.

Tipp 4

Wir verwenden oft Mehlkleister. Hierbei sollte beachtet werden, dass dieser - auch Mehlkleber genannt - nicht umsonst diesen Namen trägt. Er klebt wirklich überall. Er muss deshalb zügig, im weichen Zustand und gründlich entfernt werden, denn oft erscheint die vom Mehlkleister gereinigte Stelle sauber, erweist sich aber im trockenen Zustand dennoch fleckig. Ich empfehle für kleine Arbeitsschritte, ausrangierte Kunststoffschneidebretter zu verwenden. Diese können von Hand vorgereinigt und in der Spülmaschine vollständig gesäubert werden. Bretter mit tiefen Rillen eignen sich, auf Grund der Keimbildung, nicht! Wird auf einer Arbeitsplatte gearbeitet, ist es hilfreich, diese Fläche vorher mit etwas kaltem Wasser zu benetzen, damit der Kleister daran nicht festklebt.

Tipp 5

Mehlkleister wird im trockenen Zustand extrem fest. Deshalb darf der weiche Kleber auf keinen Fall im Küchenabfluss oder in der Toilette entsorgt werden! Reste müssen im Bioabfall entsorgt werden!

Tipp 6

Für die Arbeiten mit Mehlkleister können wir Einmalhandschuhe verwenden. Diese müssen nach Gebrauch nicht sofort entsorgt werden. Ist der Mehlkleister an den Handschuhen vollständig getrocknet, können wir durch leichtes Kneten der Handschuhe die Klebereste ablösen.

Tipp 7

Spielzeuge, die mit Hilfe von Mehlkleister hergestellt werden, sollten zum Trocknen auf einen ausrangierten Gitterrost gelegt werden, damit sie nicht auf der Arbeitsplatte oder einer anderen Unterlage festkleben.

Tipp 8

Spielzeug mit Mehlkleister enthält viel Feuchtigkeit! Trocknet man das Spielzeug im Backofen, sollte die Backofentüre alle 5-10 Minuten geöffnet werden, damit der Wasserdampf entweichen kann.

Tipp 9

Aufgrund der Nachhaltigkeit empfiehlt es sich, wenn passend, Verpackungskarton zu benutzen. Versandkartons lassen sich auch als Wühlkiste anbieten. Bereits kleinste Kartonreste, die durchbohrt werden, eignen sich zum Basteln.

Tipp 10

Viele Bastelteile können im Zimmer, aber auch im Backofen getrocknet werden. Um den Energieverbrauch für den Backofen möglichst gering zu halten, empfehle ich so viele Basics/Spielzeuge wie möglich auf einmal herzustellen.

Tipp 11

Benutzt man den Backofen, muss man wissen, dass eine höhere Temperatur die Trocknungszeit nicht verringert, im Gegenteil (!): Ist die Temperatur zu hoch gewählt, verbrennt das Papier. Es ist wichtig, die Angaben zur Trocknung genau zu beachten. Sollten Bastelteile nach der

angegebenen Zeit nicht ausreichend trocken sein, können sie länger im Backofen oder im Freien bleiben.

Tipp 12

Basics, die bei der Herstellung gefaltet werden, wie z.B. Pappleder oder Papier-Patchwork-Matten, können bei zu hohen Temperaturen im Backofen aufgrund des Wasserdampfes aufblähen. Deshalb dürfen solche Teile, wenn überhaupt, höchstens bei 50 - 80°C im Backofen vorgetrocknet werden.

Tipp 13

Benutzt man zum Basteln Seile, kann es häufig vorkommen, dass die Schnur ausgefranst ist. Dann kann sie schwer in z.B. Holzwürfel eingefädelt werden. Dafür habe ich eine schnelle und einfache Lösung: Wir benötigen einen handelsüblichen Klebestreifen und wickeln diesen fest um die Spitze des Seiles. Vor Verwendung bei unseren Papageien und Sittichen, muss der Klebestreifen unbedingt wieder entfernt werden! Möchten wir Schnüre

verwenden, die nicht ausfransen, können Leder- oder Grasseile eingesetzt werden. Doch auch hier muss die Dicke der Schnur den Krummschnäbeln angepasst werden.

Tipp 14

Auch Bambusrohre lassen sich zur Beschäftigung verwenden. Es ist wichtig, die Eigenschaften von Bambus zu kennen. Setzen wir den Bambus Feuchtigkeit (z.B. beim Säubern von Verunreinigungen) oder Temperaturschwankungen aus, kann es dazu führen, dass er reißt. Möchte man solch ein Bambusrohr als Futterversteck verwenden, ist ein Riss natürlich ein Problem. Ansonsten ist dies nur ein Schönheitsfehler und nicht dramatisch. Auch hier gilt: Nicht entsorgen! Es lassen sich andere Verwendungen finden.

Tipp 15

Für manche Spielzeuge benötigen wir Bio-Kokosnussschalen. Die Nuss darf in ihrem Inneren nicht verschimmelt sein! Bei genügend Flüssigkeit ist sie oftmals frisch. Dies können wir durch Schütteln feststellen. Am besten wird die Kokosnuss in der Mitte mit einem Messerrücken aufgeschlagen. (Vorsicht: Verletzungsgefahr.) Kleine Mengen der frischen Kokosnuss können geraspelt verfüttert werden.

Mit diesen Tipps lassen sich manche Fehler und Probleme verhindern. Das Wichtigste jedoch ist der Spaß und die Freude beim Herstellen der Beschäftigungs- und Spielmöglichkeiten für unsere gefiederten Lieblinge!

Fotos dieser Doppelseite: Jennifer Gekeler

Essbarer Klebstoff

Papageien sind oftmals vergleichbar mit kleinen Kindern. Sie müssen alles in den Schnabel nehmen. Darum ist es besonders wichtig, dass wir einen geeigneten Kleister zur Herstellung der Spielzeuge für unsere Lieblinge benutzen.

Vorweg zum Wichtigsten

Der Klebstoff sollte frei von Lösungsmitteln sein! Solche Produkte findet man in jedem guten Fachhandel. Doch gibt es auch die Möglichkeit, ungiftigen und somit essbaren Kleister aus einfachen Küchenzutaten selber herzustellen. Wusstet ihr, dass eine Mischung aus Mehl und Wasser fast ebenso gut klebt, wie die Produkte aus dem Handel?

Arbeitsutensilien und Zutaten

- Herdplatte
- Topf (Bitte keine Teflontöpfe verwenden, da die Dämpfe tödlich für Vögel sein können).
- Schneebesen
- 10 EL Wasser
- 2 EL Mehl

Anleitung

1. Wir geben Weizenmehl und Wasser in einen Topf.
2. Dieses Wasser-Mehl-Gemisch rühren wir so lange, bis sich alle Klümpchen aufgelöst haben und eine milchähnliche Konsistenz entstanden ist.
3. Nun stellen wir den Topf auf die Herdplatte und lassen die Flüssigkeit unter ständigem Rühren aufkochen. Schon nach wenigen Minuten wird daraus ein erstklassiger, geschmeidiger Klebstoff.

Die gewünschte Konsistenz können wir selbst bestimmen, indem wir vor dem Kochen mehr oder weniger Mehl hinzufügen. Es empfiehlt sich, unterschiedlich dicke Kleister herzustellen. Für Holz und vertikale Flächen eignet sich ein dickerer Klebstoff, den flüssigen benutzt man hauptsächlich für Papier. Wichtig ist, dass ihr den Kleister nach dem Kochen etwas abkühlen lasst, damit ihr euch nicht die Finger an ihm verbrennt.

Meinen Erfahrungen nach klebt er am besten, wenn er noch lauwarm ist, doch können wir ihn ebenso kalt benutzen. Er sollte niemals aufgewärmt werden, da er sehr schnell anbrennt. Unsere Lieblinge würden Spielzeug, welches mit angebranntem Klebstoff gefertigt wurde, auf Grund der Verbrennungsgerüche nicht benutzen. Bereits nach einer Stunde sollte dem Kleister kaltes Wasser zugefügt werden, da er noch nachquillt. Wird nicht die ganze Menge aufgebraucht, können die Reste, in einem luftdichten Behälter im Kühlschrank für ca. eine Woche aufbewahrt werden. Hierbei ist zu beachten, dass man vor dem nochmaligen Gebrauch, den Kleister auf Schimmel und Gärungsgerüche hin untersucht.

Seile färben

Weiße Baumwollschnüre sind fast überall im Fachhandel erhältlich, gefärbte Seile hingegen können nur in wenigen Geschäften erworben werden. Damit die Seile ohne großen Kostenaufwand und ohne Gesundheitsrisiko gefärbt werden können, benötigen wir einfache, kostengünstige Lebensmittel, darunter z.B. Spinatblätter, Heidelbeeren, Rote Beete oder Zwiebelschalen (rote und weiße). Wie im Folgenden beschrieben, wird zunächst ein Farbsud in der gewünschten Farbe hergestellt, in den die weißen Baumwollseile dann für circa zwei Stunden eingelegt werden. Anschließend müssen sie nur noch trocknen – fertig sind die bunten Seile. Um die Farbe Grün zu erzielen, benötigen wir frische Spinatblätter, die wir in einer geringen Menge Wasser aufkochen. Um eine intensivere Farbe zu erhalten, wird das grüne Wasser immer wieder mit neuem, frischem Spinat aufgekocht.

Tipp: Der abgekochte Spinat muss anschließend natürlich nicht in den Müll. Wer möchte, kann daraus tolle Gerichte für uns Menschen zaubern. Dabei ist allerdings zu beachten, dass er vor dem Aufkochen gut unter fließendem Wasser gereinigt werden sollte, da an den Blättern immer Sandrückstände haften bleiben.

Für die gelbe Farbe verwenden wir die Schalen roter und weißer Zwiebeln. Diese werden in einem Topf mit Wasser zum Kochen gebracht. Schon nach kurzer Zeit verfärbt sich das Wasser gelb-bräunlich. Gibt man im Verhältnis mehr Schalen einer Roten Zwiebel dazu, wird der Farbton kräftiger und bräunlicher.

Alle Fotos dieser Doppelseite: Jennifer Gekeler

Die rote Farbe erhalten wir, in dem wir gefrorene Heidelbeeren mit kochendem Wasser übergießen. Die daraus gewonnene rötliche Flüssigkeit eignet sich optimal zum Färben. Warmer Rote-Bete-Saft färbt unsere Baumwollseile ebenfalls in einem schönen Rotton.

Tipp: Damit wir keine Lebensmittel verschwenden müssen, können die Beeren nach der Farbherstellung für Früchtequark oder Kuchenfüllungen verwendet werden.

Es ist ein wenig schwierig, den blauen Farbton auf Basis von Pflanzenfarben zu erhalten. Gelb und Rot lassen sich viel häufiger aus verschiedenen Lebensmitteln gewinnen. Um ein leichtes, feines Blau zu erzielen, benötigen wir frischen Rotkohl. Schon wenige Blätter reichen aus, um ein blaues Färbemittel herzustellen. Die Rotkohlblätter werden in einem Topf für ca. 10 Minuten ausgekocht.

Farbwunder Rotkohl

Der Farbsud des Rotkohls ist etwas ganz Besonders, denn man kann damit beim Färben zwei Farbnuancen erzielen. Diese Eigenschaft bemerkte ich zufällig, als ich Spielzeuge im Backofen trocknete. Ich hatte zwei Seile für circa zwei Stunden in den blauen Rotkohl-Farbsud gelegt und trocknete eines der beiden anschließend auf einem Gitterrost, das andere im Backofen bei 150 °C. Kurze Zeit später verfärbte sich das Seil im Backofen lila-bläulich, und schon hatten wir auch lila Seile, die bei den Papageien und Sittichen sehr gut ankamen.

Was wir beachten sollten

Die selbst hergestellten Farben sind fast alle wunderbar anzuschauen und färben Baumwollseile jeweils in einem weichen Farbton – nicht so die Rotkohlfarbe. Sie ist besonders kräftig, weshalb man zum Schutz der Hände unbedingt Einweghandschuhe tragen sollte. Ganz wichtig: Zum Färben sollten nur Flüssigkeiten verwendet werden, die frei von Lebensmittelresten sind, ansonsten besteht Schimmelgefahr. Die Flüssigkeit kann zum Beispiel durch einen Kaffeefilter gegossen werden.

Getrocknete Seile, bereit zum Weiterverwenden.

Holz färben

Papageien und Sittiche lieben bunte Holzwürfel, die aber nicht immer zur Hand sind. Um schnell und unkompliziert ein paar Holzwürfel zu färben, kann man auf die vorher beschriebenen Farben zurückgreifen. Hier gibt es noch ein paar Tipps und Tricks, um schöne und ansehnliche Färbeergebnisse zu erzielen.

Die Löcher zum Auffädeln bohrt man am besten vor dem Färben der Holzwürfel.Der Einsatz eines Pinsels beansprucht zu viel Zeit, und das Färbeergebnis ist nicht sehr ansprechend. Stattdessen legt man die Holzwürfel in einen Kunststoffbehälter, gießt die Farbe dazu und verschließt den Behälter mit einem passenden Deckel. Danach wird alles gut geschüttelt, damit die Holzwürfel die Farbe gleichmäßig annehmen können. Um ein gutes Färbeergebnis zu erhalten, werden die gefärbten Holzwürfel auf einen Gitterrost abgelegt, so kann die überschüssige Flüssigkeit besser abtropfen. Schon nach kurzer Zeit sind die Würfel getrocknet und können individuell für die Weiterverarbeitung eingesetzt werden.

Bunte Kreise/Kringel

Arbeitsutensilien und Zutaten

- Backofen
- Gitterrost
- bunte Papierstreifen, Papierstärke 300 g/m²
- Mehlkleister

Alle Fotos dieser Doppelseite: Jennifer Gekeler

Anleitung

1. Wegen der unterschiedlichen Kreisdurchmesser und weil der Kleister zusätzliche Festigkeit verleiht, bestreichen wir den Papierstreifen vollständig mit Klebstoff. Statt einem Pinsel können wir einfachheitshalber unseren Zeigefinger benutzen.

2. Jetzt fertigen wir einen Kreis. Mindestens die Hälfte des Durchmessers sollte zur Stabilisierung doppelt gelegt werden. Es können selbstverständlich auch zwei oder mehr Schichten übereinander geklebt werden, damit unsere gefiederten Freunde länger Spaß daran haben.

Alle Fotos dieser Seite: Jennifer Gekeler

3. Die fertigen Teile geben wir für ca. 20 Minuten bei 100 °C in den geschlossenen Backofen.
4. Auf einem Gitterrost müssen sie für einen Tag austrocknen.
5. Die Kringel können beliebig eingesetzt werden.

Papierkette

Aus den gefertigten Papierkreisen lassen sich schöne bunte Ketten basteln. Zur Herstellung einer Kette ziehen wir durch einen bereits fertigen Kreis den nächsten Streifen und formen auch diesen zu einem Kringel. Diesen Schritt kann man so lange wiederholen, bis die Wunschlänge der Kette erreicht ist. Statt ineinander, können wir

bereits fertige Kreise auch aneinander binden. Dafür legen wir zwei Kringel nebeneinander und umwickeln die Kontaktstelle mit einem mit Mehlkleister benetzten Papierstreifen. Auch diese lassen wir nach der Fertigstellung im Backofen bei 100 ° für ca. 20 Minuten trocknen .

Tipp: Fügt man mehrere solcher Ketten zusammen, können wir Matten in Form von Quadraten, Rechtecken oder Dreiecken herstellen. *Foto: Michael Hoffmann*

Schlaufen

Arbeitsutensilien und Zutaten

- Backofen
- Gitterrost
- Bunte Kringel in noch nicht getrocknetem Zustand, Seite 23

Anleitung

1. Feuchte Kreise lassen sich ganz einfach mit Daumen und Zeigefinger in ihrer Mitte zu einer Schlaufe zusammendrücken.
   Tipp: Sollten die Kringel schon zu trocken sein, kann es passieren, dass die Schlaufen wieder aufspringen. Dann muss etwas Mehlkleister aufgetragen und der Kreis erneut zusammengedrückt werden.
2. Die fertigen Schlaufen geben wir für ca. 20 Minuten bei 100 °C in den geschlossenen Backofen.
3. Auf einem Gitterrost müssen diese für einen Tag austrocknen.

Fotos unten und rechts: Jennifer Gekeler

Blüten

Foto: Michael Hoffmann

Zur Beschäftigung für unsere Heimvögel, lassen sich echte Blüten aus der Natur verwenden, aber auch „künstliche“, aus Papier sind eine gute Alternative.

Arbeitsutensilien und Zutaten

- Backofen
- Gitterrost
- Getrocknete Schlaufen, Seite 25
- Papierstreifen, Stärke 300 g/m²
- Mehlkleister, flüssig

Anleitung

1. Pro Papierblüte benötigen wir drei fertig getrocknete Schlaufen, am besten in unterschiedlichen Farbtönen.
2. Ebenso brauchen wir Papierstreifen, die vollständig mit Mehlkleister bestrichen werden. Statt einem Pinsel können wir dafür unseren Zeigefinger benutzen.
3. Nun legen wir die Schlaufen zu einem Stern und umwickeln dessen Mittelpunkt kreuzweise und

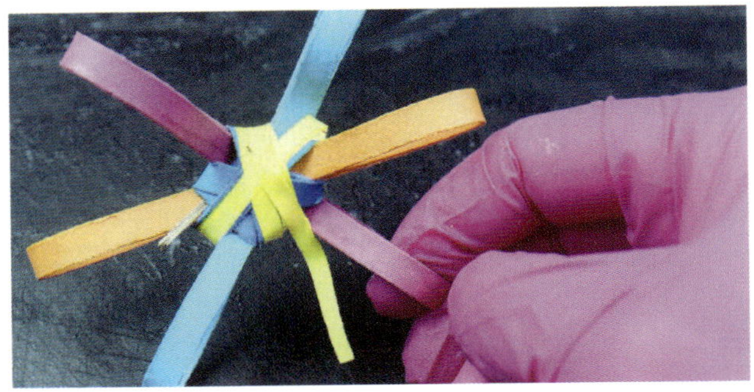

mehrfach mit Papierstreifen, die mit Mehlkleister getränkt sind.
4. Die fertigen Teile geben wir für ca. 10 Minuten bei 100 °C in den geschlossenen Backofen.
5. Auf einem Gitterrost für einen Tag vollständig trocknen lassen.

Hörnchen

Arbeitsutensilien und Zutaten

- Backofen
- Gitterrost
- Teigschaber
- Schere
- Buntes Bastelpapier oder Packpapier
- Mehlkleister

Anleitung

1. Für ein Hörnchen benötigen wir einen rechteckigen Papierbogen. Die Größe kann beliebig gewählt werden.
2. Mit einem Teigschaber bestreichen wir diesen dünn mit Mehlkleister. Die gesamte Fläche sollte feucht sein, da das Hörnchen sich sonst beim Trocknen wieder abwickelt.
3. Das Papier rollen wir so auf, dass die Form einer Eiswaffel entsteht.
4. Das fertige Teil geben wir für ca. 20 Minuten bei 100 °C in den geschlossenen Backofen.
5. Um es fertig auszutrocknen, legt man das Hörnchen anschließend für 24 Stunden auf einen Gitterrost.

Wichtig: Da die Spitze aufgrund des Mehlkleisters extrem hart wird, besteht ein gewisses Verletzungsrisiko. Um diese Gefahr auszuschließen, kappen wir die Spitze der „Eiswaffel“, mit Hilfe einer Schere.

Fotos dieser Doppelseite, außer links oben: Jennifer Gekeler

Papiergirlanden

Rosenbrustbartsittich Atchi beim genüsslichen Zerstören seiner Papiergirlande

Arbeitsutensilien und Zutaten

- Backofen
- Gitterrost
- Papierstreifen, Stärke 300g/m²
- Mehlkleister

Anleitung

1. Wir bestreichen mindestens vier Papierstreifen vollständig mit Mehlkleister. Hierfür können wir einen Pinsel oder unseren Zeigefinger benützen. Die Breite und Länge der Bänder kann beliebig gewählt werden.
2. Zwei der Papierstreifen werden parallel nebeneinander gelegt.
3. Die beiden anderen Bänder legen wir im rechten Winkel über die anderen.

4. Nun faltet man die nebeneinander liegenden Papierstreifen immer abwechselnd über die darunter liegenden.

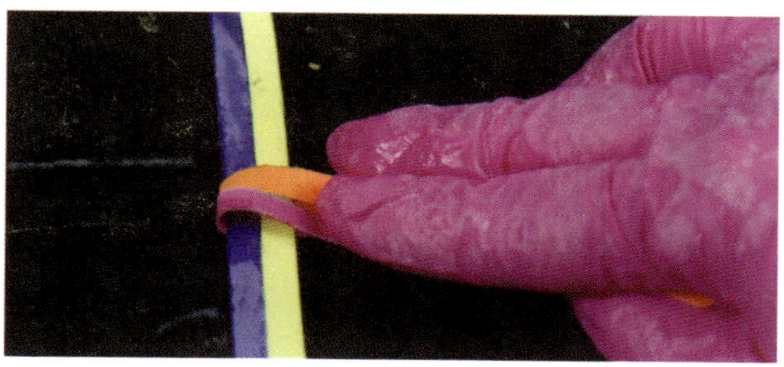

Tipp: Klappt man nicht die komplette Länge der Bänder übereinander, so kann der Rest der Streifen als Öse geformt in andere Spielzeuge eingebaut werden.

5. Die fertige Girlande trocknen wir auf einem Blech im geschlossenen Backofen bei 100 °C für ca. 20 Minuten.
6. Danach lassen wir sie auf einem Gitterrost für 24 Stunden vollständig trocknen.

Happy Röhrchen

Oft werden zum Basteln Toilettenrollen verwendet. Ich rate davon wegen der möglichen Keimbelastung ab. Die hier beschriebenen Happy Röhren sind super schnell hergestellt und zudem ein optimaler Ersatz für Klopapierrollen.

Arbeitsutensilien und Zutaten

- Backofen
- Gitterrost
- Teigschaber
- Schere
- Buntes Bastelpapier oder Packpapier, DIN A4
- Mehlkleister

Anleitung

1. Das Papier mit Hilfe des Teigschabers dünn mit Mehlkleister bestreichen.
2. Nun kann das bunte Blatt gefaltet bzw. je nach Wunsch gerollt werden.
3. Um ein stabiles Rohr zu erhalten z.B. für größere Ara-Arten, ist es hilfreich, dickeres Papier zu verwenden oder mehrere Schichten Papier übereinander zu verkleben.
4. Die fertige Rolle trocknen wir anschließend im geschlossenen Backofen, bei 100 °C für ca. 20 Minuten.

Tipp: Wir müssen beachten, dass die Röhren hochkant im Backofen und auf einem Gitterrost getrocknet werden sollten. Befolgt man diesen Schritt nicht, gibt es keine schönen runden „Happy Röhrchen", sondern eingedrückte, flache oder ovale Röhrchen.

Papier-Patchwork-Matte

Papageien lieben es bunt. Was gibt es da Schöneres, als eine mehrfarbige Papier-Patchwork-Decke? Man kann diese zudem hervorragend, am Stück oder zugeschnitten, als Basic-Bastelteil verwenden.

Arbeitsutensilien und Zutaten

Alle Fotos dieser Doppelseite: Jennifer Gekeler

- Backofen
- Gitterrost
- Pinsel
- Teigschaber
- Buntes Bastelpapier: Für eine Matte von der Größe 12 x 6 cm benötigt man neun DIN A4-Bastelbögen.
- Mehlkleister

Anleitung

1. Es empfiehlt sich, das bunte Papier einzeln und getrennt voneinander bereitzulegen, da die Hände während der Herstellung voll mit Mehlkleister sein werden, und die Bastelbögen sonst schnell aneinander kleben.

2. Mit Hilfe eines Teigschabers bestreichen wir die Papierbögen dünn mit Mehlkleister.
3. Anschließend werden sie längs in der Mitte zusammengefaltet, erneut mit etwas Mehlkleister bestrichen und gefaltet. Diesen Vorgang wiederholen wir so lange, bis wir einen ca. zwei Zentimeter breiten, aus mehreren Papierschichten bestehenden Streifen vor uns liegen haben.
4. Sechs dieser Streifen werden nun nebeneinander auf die Arbeitsfläche gelegt, so dass wir die restlichen drei Streifen gleichmäßig und versetzt einflechten können. **Tipp:** Um die fertige Patchwork-Matte später leichter von der Arbeitsfläche zu lösen, ist es hilfreich den Untergrund vorher mit etwas kaltem Wasser zu benetzen.
5. Die Matte darf bei maximal 80 °C im geschlossenen Backofen für ca. 30 Minuten vortrocknen, da sie sich bei höheren Temperaturen aufblähen würde.
6. Wie immer lassen wir das Endprodukt für einen Tag auf einem Gitterrost vollständig trocknen.

Kissenschachteln

Solche Art Schachteln dienen im Handel als Geschenk- oder Produktverpackungen. Wir benutzen sie, um sie mit Leckereien oder Schredderpapier zu befüllen.

Alle Fotos dieser Doppelseite: Jennifer Gekeler

Arbeitsutensilien und Zutaten

- Backofen
- Gitterrost
- Schere
- Teigschaber
- Buntes Bastelpapier
- Mehlkleister

Anleitung

1. Mit Hilfe eines Teigschabers bestreichen wir den Papierbogen dünn mit Mehlkleister.
2. Dann kleben wir die Papierenden mindestens einen Zentimeter übereinander und drücken die überlappende Fläche fest zusammen.
3. Diese Röhre müssen wir nun etwas flach drücken.
4. Die Enden werden beidseitig, von oben und unten, ein-

geknickt, so dass ein Verschluss entsteht, den wir immer wieder öffnen und schließen und das Innere mit Leckereien oder Schredderpapier befüllen können.
5. Die fertigen Kissenschachteln trocknen wir im geschlossenen Backofen bei 100 °C für ca. 20 Minuten.
6. Zum Austrocknen legt man sie anschließend für 24 Stunden auf einen Gitterrost.

Tipp: Zum Bohren eines Loches, empfehle ich eine spitze Schere, keinesfalls einen Akkuschrauber, da das Papier sonst zu leicht einreißt.

Crunchie-Patties

Die bei Papageien und Sittichen sehr beliebten weichen „Crunchie-Patties" sind einfach und schnell mit Schredderpapier und Wasser herzustellen. Man kann sie ohne oder zur Weiterverwendung mit Loch fertigen.

Arbeitsutensilien und Zutaten

- Backofen
- Gitterrost
- Akkubohrschrauber
- Holzbohrer
- Teigschaber
- Ausstechform für Weihnachtsplätzchen oder Kekse
- Buntes Schredderpapier
- Wasser

Anleitung

1. Wir befeuchten das Schredderpapier mit unseren mit Wasser benetzten Händen.
2. Am einfachsten fertigen wir dann Kugeln, die wir in verschiedene Ausstechformen drücken. Die Füllmenge sollte zwei Zentimeter nicht überschreiten, weil die Trocknungszeit sonst zu lange dauern würde.

3. Mit den Fingern werden die Crunchie Patties vorsichtig aus ihrer Form gedrückt und auf einen Gitterrost gelegt.
4. Auf dem Gitterrost lässt man sie im Backofen bei 130 °C für ca. 40 Minuten trocknen. Alle fünf Minuten sollte außerdem die Backofentür kurz geöffnet werden, damit Wasserdämpfe entweichen können.
5. Anschließend müssen die Crunchie Patties für weitere 24 Stunden vollständig an der Luft trocknen.
6. Nach Wunsch kann nun mit Hilfe des Akkubohrschraubers ein Loch in die Patties gemacht werden.

Pappschnur

Pappschnüre sind eine gute Alternative für Sisal-, Baumwoll-, oder Hanfseile.

Arbeitsutensilien und Zutaten

- Backofen
- Gitterblech
- Kunststoffbrett oder andere Schneideunterlage
- Teigschaber
- Pizzaroller
- Packpapier
- Mehlkleister

Anleitung

1. Wir benötigen pro Schnur einen mindestens 50 cm langen Papierbogen.
2. Mit Hilfe eines Teigschabers bestreichen wir das komplette Papier mit Mehlkleister.
3. Mit dem Pizzaroller werden nun ca. drei Zentimeter breite Streifen geschnitten.
4. Diese verdrehen wir zu einer Schnur. Eventuell benötigen wir hierfür noch etwas zusätzlichen Mehlkleister.
   Tipp: Die Pappschnüre können im halb feuchten Zustand weiter verwendet werden, z.B. für Flechtgitter.
5. Zum Trocknen kommt die Schnur für 20 Minuten bei 50° C in den Backofen.
6. Um fertig auszutrocknen, wird sie anschließend für 24 Stunden auf einen Gitterrost gelegt.
   Tipp: Lange Schnüre, die nicht in den Backofen passen, lassen sich auch komplett an der Luft trocknen.

Papier-Twister

Die Twister sind in Windeseile fertig und können, wie Holzwürfel, auf Seile aufgefädelt werden.

Arbeitsutensilien und Zutaten

- Backofen
- Gitterrost
- Feuchte Pappschnüre
- Mehlkleister

Anleitung

1. Wir benutzen feuchte Pappschnüre in den gewünschten Größen. Um zusätzliche Stabilität zu erreichen,

wird die Kordel erneut großzügig mit Mehlkleister überzogen.

2. Dann wickeln wir die Schnur um einen Finger oder ein Glas. Somit lassen sich verschiedene Lochdurchmesser erreichen.
   Tipp: Die Schnur darf auf dem Glas nicht festtrocknen, weil der Twister sonst nicht unbeschadet entfernt werden kann.
3. Das fertige Teil trocknen wir hochkant stehend bei 100 °C im geschlossenen Backofen auf einem Gitterrost für ca. 20 Minuten oder auf einem Backblech für ca. 25 Minuten.
4. Wir lassen die Twister für einen Tag vollständig trocknen.

Flechtgitter

Arbeitsutensilien und Zutaten

- Backofen
- Gitterrost
- Teigschaber
- Verpackungspapier oder Packpapier, Länge ca. 120 cm, Breite ca. 40 cm
- Schere
- Fenchel, ganze Knollen, Staudensellerie, frische Zweige
- Mehlkleister

Alle Fotos dieser Doppelseite: Jennifer Gekeler

Anleitung

1. Auf dem Packpapier verstreichen wir mit Hilfe des Teigschabers den Mehlkleber so, dass alle Flächen einschließlich der Ecken gut bestrichen sind. Im Anschluss falten wir das Papier in der Mitte zusammen, so dass wir ein zweilagiges Papier bekommen.
2. Das Papier wird nun so oft halbiert, bis wir acht ca. 60 cm lange und ca. 5 cm breite Streifen vor uns liegen haben. Das Zerschneiden gelingt am besten mit einer Schere.
3. Im Anschluss „verdrillen" wir alle acht Streifen, dadurch entsteht eine stabile Pappschnur. Sollte keine gleichmäßig runde Schnur entstehen, ist die Pappschnur zu trocken und wir benötigen wieder etwas Mehlkleister.
4. Nun nehmen wir unsere acht Pappschnüre und legen eine Schnur senkrecht und eine Schnur waagerecht übereinander. Richtige Knoten sind bei den Pappschnüren nicht möglich, da diese noch zu weich sind. Das obere Ende der senkrechten wird nun über die waagerechte Schnur nach unten gelegt, leicht angedrückt und anschließend wieder nach oben. Diesen Schritt wiederholen wir so lange, bis wir ein Gitter vor uns liegen haben.

5. Damit das Flechtgitter stabil bleibt, werden die umwickelten Punkte zusätzlich mit einem Klecks Mehlkleister bestrichen.
6. Das fertige Spielzeug trocknen wir anschließend im geschlossenen Backofen bei 100 °C für ca. 20 Minuten.
7. Zum Auszutrocknen legt man es anschließend für 24 Stunden auf einen Gitterrost.
8. Nachdem das Flechtgitter komplett getrocknet ist, werden frische Zweige, Staudensellerie und die Fenchelstreifen eingeflochten, aber auch Kolbenhirse oder andere Gräser können hier verwendet werden.

Achtung: Sollte das Gitter die Schnäbel unserer Papageien überleben, empfiehlt es sich, das Papp-Gitter vor zu viel Wasser zu schützen. Durch den Mehlkleister wird das Spielzeug ein wenig Wasser abweisend, es würde dennoch bei zu viel Wasser an Stabilität verlieren.

Sonnenschein

Es wird nicht lange dauern, und unsere Papageien und Sittiche werden Lust bekommen, die schwingenden Strahlen der Sonne abzuknabbern.

Arbeitsutensilien und Zutaten

- Backofen
- Gitterrost

- Schere
- Teigschaber
- Vier Zentimeter breite Papierstreifen
- Schredderpapier
- Mehlkleister

Anleitung

1. Für den Sonnenkreis bestreichen wir einen Papierstreifen mit Mehlkleister.
2. Dieser wird nun längs in der Mitte gefaltet, zu einer Kordel verdreht und zu einem Kreis geformt.
3. Den fertigen Kringel lassen wir im geschlossenen Backofen bei 100 °C für ca. 20 Minuten trocknen.
4. An der Luft muss er für weitere 24 Stunden austrocknen.
5. Für die Strahlen der Sonne wird jeweils die Hälfte eines Streifen Schredderpapier mit Mehlkleister bestrichen.
6. Nun wickeln wir den benetzten Teil des Papierstreifens um den vollständig getrockneten Ring und lassen die fertige Sonne an der Luft trocknen.

Alle Fotos dieser Doppelseite: Jennifer Gekeler

Pappleder

Alle Fotos dieser Seite: Jennifer Gekeler

Das Pappleder wird als Grundlage für Spielzeuge benötigt. Ich nenne es deshalb so, weil es in feuchtem Zustand das Aussehen wie Leder hat und sich auch so anfühlt. Es ist sinnvoll, große Teile herzustellen, man kann diese je nach Bedarf einfach mit einer Schere zurechtschneiden.

Arbeitsutensilien und Zutaten

- Gitterrost
- Teigschaber
- Verpackungspapier oder buntes Bastelpapier in beliebiger Größe
- Mehlkleister

Anleitung

1. Wir legen den Bastelbogen auf eine mit kaltem Wasser benetzte Arbeitsfläche.
2. Mit Hilfe eines Teigschabers wird auf der gesamten Fläche des Papiers, lauwarmer Mehlkleister dünn aufgebracht und überschüssiger Kleber sauber abgezogen. Es dürfen keine Klümpchen auf dem Papier zurückbleiben, weil wir sonst keine schöne Oberfläche erhalten. Der Kleister fungiert hierbei nicht als Verstärker, sondern als Verbinder.

3. Wir falten den Bastelbogen übereinander und drücken die zwei Lagen fest aneinander.
4. Schritt zwei und drei wiederholen wir, je nach Bedarf. Ich empfehle, das Pappleder nicht stärker, als einen Zentimeter herzustellen, da es bei Zimmertemperatur getrocknet werden muss. Es darf nicht in den Backofen, da es sich aufblähen würde!

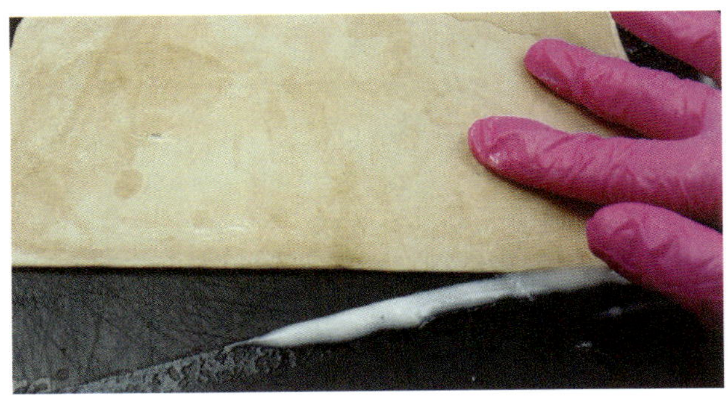

Tipp: In feuchtem Zustand lässt sich das Papierleder z.B. zu „Fliegen", „Drachen", ... fortführend verarbeiten. Auch Reststücke in getrocknetem Zustand lassen sich kreativ einsetzen.

Fliege aus Papier

Foto: Michael Hoffmann

Arbeitsutensilien und Zutaten

- Backofen
- Gitterrost
- Schere
- Papierstreifen
- Feuchtes Pappleder, max. vierlagig
- Mehlkleister

Anleitung

1. Aus dem feuchten Pappleder schneiden wir mit einer Schere ein Quadrat aus.
2. Dieses wird längs gefaltet, so dass ein Rechteck vor uns liegt.
3. Nun drücken wir das Papier in der Mitte fest zusammen und erhalten die Fliege, inklusive kleine Falten.
4. Die Papierfliege wird für einen Tag bei Zimmertemperatur auf einem Gitterrost getrocknet.

Alternativ: Wir können sie noch etwas verschönern. Hierfür benötigen wir einen Papierstreifen, egal welcher Papierstärke. Dieser wird mit etwas Mehlkleister benetzt und um den schmalen Teil der Fliege gewickelt. Wir lassen trocknen, wie oben beschrieben.
Tipp: In die kleinen Fältchen bzw. Riffelungen der Fliege, kann man gut Kolbenhirse einstecken.

Pappbecher oder Pappschale

Pappschalen sind eine gute Alternative für Plastikbecher. Papageien und Sittiche lieben Kunststoffbecher, weil sie bunt sind und Geräusche machen. Diese sollte man jedoch nur unter Aufsicht anbieten, weil Vögel keinen Kunststoff fressen dürfen.

Arbeitsutensilien und Zutaten

- Backofen
- Gitterrost
- Schere
- Dünne Gläser
- Frischhaltefolie, Packpapier
- Mehlkleister

Anleitung

1. Wir zerreißen Packpapier in kleine Stücke und legen diese auf eine mit kaltem Wasser benetzte Arbeitsfläche.
2. Die Frischhaltefolie wird um ein Glas gewickelt und mit Mehlkleister bestrichen.
3. Nun drücken wir die Papierstücke rund um das Glas und auf dessen Boden auf die Folie.
4. Diese Schicht bestreichen wir erneut mit Mehlkleister.
5. Vorgang drei und vier wird nach Bedarf drei bis acht Mal wiederholt.

Alle Fotos dieser Doppelseite: Jennifer Gekeler

6. Die Gläser lässt man bei 50° C im Backofen für 20 Min. trocknen. Alle fünf Minuten sollte die Backofentür kurz geöffnet werden, damit Wasserdämpfe entweichen können.
7. An der Luft muss die Pappschale für weitere ca. 24 Stunden austrocknen.
8. Der vollständig getrocknete Becher wird nun vom Glas gelöst und die Frischhaltefolie entfernt.
9. Um ihn als Such-Versteck-Spiel verwenden zu können, müssen wir jetzt nur noch die überstehenden Ränder mit Hilfe der Schere abschneiden.

Tipp: Je nach Dicke der Schale kann ein Loch in den Boden gebohrt oder gestochen werden. Durch dieses fädeln wir ein Seil, mit welchem wir im Schaleninnern einen dicken Knoten machen.

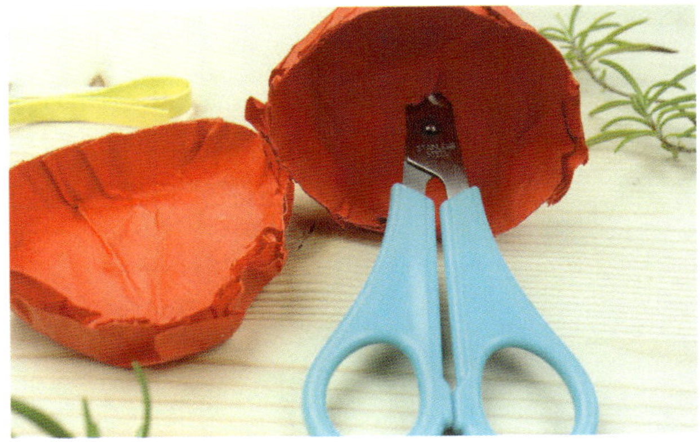

Papierdrachen

Für kleinere Vogelschnäbel eignen sich weiche, für größere Schnäbel stabile Papierdrachen.

Arbeitsutensilien und Zutaten

- Gitterrost
- Akkubohrschrauber
- Holzbohrer
- Schere
- Buntes Bastelpapier
- Feuchtes Pappleder
- Mehlkleister, lauwarm
- Evtl. Papierstreifen

Anleitung, weiche Variante

1. Wir schneiden aus einem Bastelpapier ein Quadrat beliebiger Größe.
2. Dieses wird Ecke auf Ecke gefaltet, so dass ein Dreieck entsteht.
3. Wir klappen das Papier wieder auseinander und legen es so auf die Arbeitsfläche, dass die Faltlinie nach oben schaut.
4. Die rechte untere Papieraußenseite wird nun bis zur Mittellinie umgeklappt. Das gleiche machen wir mit der linken unteren Außenseite.
5. Die nach innen gefaltete Papierteile bestreichen wi mit Mehlkleister und drücken diese fest.
6. Nun kann der Drachen auf einem Gitterrost über Nacht bei Zimmertemperatur getrocknet werden.

Anleitung, stabile Variante

1. Wir nehmen feuchtes Pappleder und schneiden daraus einen Drachen.
   Tipp: Nach dem Zuschnitt haften die Ränder oftmals-nicht mehr gut aneinander. Darum ist es wichtig, diese nochmals fest zusammenzudrücken.
2. Man kann den Drachen verschönern, indem ma Augen, Nase, Mund aus Papier ausschneidet und mit-Mehlkleister auf ihm befestigt.
3. Der fertige Drachen wird auf einen Gitterrost gelegt und für ca. 24 Stunden bei Zimmertemperatur getrocknet.
4. Mit Hilfe eines Akkubohrschraubers fügen wir ihm ein Loch bei.

Nüsschen oder Beeren an Schnur

Größere Papageienarten wie z.B. Aras lieben Nüsse. Diese sind hervorragend geeignet, die Vögel zu beschäftigen, indem wir sie an einer Pappschnur befestigen.
Für kleinere Vogelarten lassen sich Sanddorn- oder Ebereschenbeeren samt den Zweigen verwenden.

Arbeitsutensilien und Zutaten

- Gitterrost
- Schere
- Pappschnur, feucht
- Mehlkleister
- Sanddorn- oder Ebereschenzweige mit Beeren
- Bevorzugte Nusssorte unseres Vogels

Tipp: Finger weg von Erdnüssen, auch wenn diese sich wegen ihr Form anbieten, sie können Schimmelsporen enthalten.

Anleitung

1. Wir nehmen eine feuchte Pappschnur, sie sollte gut in Mehlkleister getränkt sein, weil sie sonst nicht am Zweig oder an der Nuss haftet.
2. Diese wird um den Zweig oder über Kreuz um die Nuss gewickelt.
   Tipp: Die Nüsschen und Beeren an der Schnur lassen sich auf ein Spielzeug auffädeln, indem wir das freie Ende des Papierseils zu einem Twister (Seite 32 und 33) formen, welcher in getrocknetem Zustand auf die Schnur eines weiteren Spielzeuges aufgefädelt werden kann.
3. Das fertige Teil lassen wir auf einem Gitterrost bei Zimmertemperatur trocknen.

Papierkugeln und Papierbälle

Papierkugeln lassen sich auf verschiedene Weise herstellen.

1. Papierkugeln aus Pappröhren

Arbeitsutensilien und Zutaten

- Schere
- Happy-Röhrchen oder Papierrollen
- Verpackungspapier
- buntes Schredderpapier
- verschiedene Leckereien
- Nussschalen

Anleitung

1. Wir schneiden aus der Rolle oder dem Happy-Röhrchen mindestens vier bis fünf ca. 1,0 cm breite Pappringe. Größere Stabilität wird durch zusätzliche Ringe erreicht.
2. Für die Füllung wird aus Schredder- oder Verpackungspapier ein passender Innenball geformt.
3. Nun spannt man die Papierringe kreuzweise über den Innenball.

Tipp: Damit die Kugeln rasseln, kann man sie, statt mit Schredder- oder Verpackungspapier, auch mit Nussschalen füllen. Diese müssen vor Anbringen des fünften Ringes eingefügt werden.

Tipp für Mehlwurmliebhaber: Da die Käferlarven sich gerne verstecken, lässt man sie in eine fertige Papierkugel krabbeln, bevor diese dem Vogel angeboten werden kann.

2. Papierbälle aus Schredderpapier

Arbeitsutensilien und Zutaten

- Gitterrost
- Schredderpapier
- Lauwarmer, flüssiger Mehlkleister

Anleitung

1. Wir benetzen die Handflächen großzügig mit dem lauwarmen, flüssigen Mehlkleister.
2. Aus dem Schredderpapier wird nun in unseren Handflächen ein Ball geformt.
3. Diesen gibt man für ca. 20 Minuten bei 100°C in den Backofen.
4. Anschließend lassen wir ihn bei Zimmertemperatur für ca. 24 Stunden fertig trocknen.

Tipp: In diese Bälle können keine Löcher gebohrt werden, da die locker verklebten Papierstreifen sich um den Bohrer wickeln. Manchmal wird bei solch einem Versuch sogar der ganze Ball zerstört.

3. Papierball aus Schredderpapier mit Schnur

Da wir in die Papierbälle aus Schredderpapier keine Löcher bohren können, benötigen wir eine geeignete Alternative. Mit dieser Anleitung basteln wir uns eine Papierkugel, die bereits während der Herstellung an einem Seil befestigt wird.

Fotos dieser Doppeleite: Jennifer Gekeler, außer:
Foto Graupapagei: Michael Hoffmann

Arbeitsutensilien und Zutaten

- Gitterrost
- Baumwollseil, angepasst an die Größe des Vogels
- Schredderpapier
- Kettennotglied
- Schere
- Mehlkleister

Anleitung

1. Wir nehmen das Seil und stellen eine Öse her, indem wir das Schnurende doppelt legen und zu einer Schlaufe verknoten.
2. Das kürzere Ende des Seiles sollte ca. zwei Zentimeterunterhalb des Knotens abgeschnitten werden.
3. Am langen Seilende wird nun in Nähe der Schlaufe ein Knoten gebunden.
4. Die übrige Schnur schneiden wir wieder ca. 2 cm vom Knoten entfernt ab, damit sich unser Vogel nicht darin verheddern kann.
5. Nun wird das Schredderpapier mit Mehlkleister beträufelt, damit es weich wird.
   Tipp: Für diese erste Schicht, sollte besonders viel Kleister verwendet werden, um eine bessere Verbindung zu erreichen.
6. Wir wickeln das nasse Papier um den Seilknoten. Es ist wichtig, dass es fest angedrückt wird.
7. Wir können unterschiedlich große Bälle herstellen. Basteln wir Kugeln von einer Größe mit maximal 6 cm, werden diese nach dem vierten Schritt im Backofen bei 100°C für ca. 20 Minuten angetrocknet und anschließend für einen Tag bei Zimmertemperatur auf einem Gitterrost vollständig getrocknet. Für einen Ball mit einem größeren Durchmesser als 6 cm nehmen wir einen fertig getrockneten Ball inklusive Seil. Dann wird erneut Mehlkleister auf das Schredderpapier geträufelt und wieder um die Kugel gewickelt. Ihr Volumen sollte sich dabei nicht mehr als verdoppeln, dann muss sie erneut im Backofen bei 100 °C für 20 Minuten angetrocknet und bei Zimmertemperatur vollständig ausgetrocknet werden. Diese Schritte können wir solange wiederholen, bis wir die gewünschte Größe des Balles erreicht haben.

Foto: Jennifer Gekeler

4. Luftballonkugel aus Papierstreifen

Auch diese Kugel kann man mit Schredder- oder Verpackungspapier (bei Bedarf auch mit Mehlwürmer, s. Seite vorher) und Leckereien befüllen.

Arbeitsutensilien und Zutaten

- Gitterrost
- Luftballon
- Gummiring
- Nadel
- Mehlkleister
- Bunte, lange Papierstreifen, Stärke 300 g/m²
  (Länge: Durchmesser Luftballon + zwei Zentimeter)

- Schredderpapier, normale Stärke
- Mehlkleister
- Leckereien

Anleitung

1. Der Luftballon wird je nach Wunschgröße aufgeblasen.
2. Die Papierstreifen benötigen wir in der Breite von 0,5- 1,00 cm. Sie müssen die Länge des Luftballonumfanges plus zwei Zentimeter haben. Je mehr von diesen benutzt werden, umso mehr Stabilität bekommt die Kugel.
3. Wir legen die Streifen auf die Arbeitsfläche und benetzen sie dünn mit Mehlkleister. Statt eines Pinsels lässt sich hierfür auch unser Zeigefinger verwenden.
4. Der Luftballon wird nun mit dem ersten Papierstreifen umwickelt. An dessen Ende setzen wir, überlappend, den zweiten Streifen quer an und umwickeln die Kugel über Kreuz.
5. Vorgang 4. wird so oft wiederholt, bis die Kugel in sich stabil ist.
6. Man kann den Luftballon NICHT im Backofen trocknen! Er würde sich, bei zu großer Hitze, ausdehnen und im schlimmsten Fall platzen. Wir müssen die Kugel anderweitig trocknen. Dazu wird am Knoten des Ballons ein Gummiring befestigt, alternativ kann auch eine Schnur verwendet werden. Mit diesen Hilfen lässt sich die Kugel aufhängen und trocknen.
   Tipp: Eine Wäscheleine oder ein Wäscheständer eignen sich hierfür hervorragend.
7. Nachdem die Kugel vollständig ausgetrocknet ist, stechen wir mit Hilfe einer Nadel, den Ballon kaputt. Er muss entfernt werden, damit die Papageien und Sittiche nicht das Gummi fressen!
8. Will man das fertige Spielzeug mit einem Seil in der Voliere anbringen, muss darauf geachtet werden, dass die Befestigung durch mehrere Papierringe gezogen wird, damit es nicht zu schnell reißt.

Tipp: Statt einer runden, lassen sich auch andere Luftballonformen verwenden.

Pennantsittich Rosi. Foto: Jennifer Gekeler

5. Kugel aus Kartonstreifen

Für dieses Spielzeug lässt sich wunderbar Versandkarton verwenden.

Arbeitsutensilien und Zutaten

- Versandkarton
- Schere
- Seil
- Evtl. Holzwürfe

Arbeitsutensilien und Zutaten

1. Wir schneiden mit Hilfe einer Schere drei dicke, gleichmäßige Streifen aus einem Karton aus. Einer diese Streifen sollte sechs bis zehn Zentimeter länger sein.
2. Versandkartons bestehen oft aus mehreren Schichten mit einem Hohlraum zwischen je zwei Papierlagen. Die dadurch erreichte Stabilität ist in unserem Fall nicht wichtig. Um die einzelnen Schichten zu „brechen", werden die Streifen kräftig über den Oberschenkel gezogen. Sie sind nun flexibler und können besser zu einer gleichmäßigen Rolle aufgewickelt werden.

3. An den beiden Enden und in der Mitte aller drei Streifen bohren wir mit der Schere je ein Loch.

Fotos dieser Seite: Jennifer Gekeler

4. Nun nehmen wir das Seil zur Hand und machen an dessen Ende einen festen Knoten. Wer möchte kann hier zunächst einen kleinen Holzwürfel auffädeln.
5. Jetzt wird der längste (!) Kartonstreifen in seinem mittleren Loch auf das Seil aufgefädelt und anschließend die beiden kürzeren, ebenfalls in ihrer Mitte.
6. Im nächsten Schritt fädeln wir den innersten, dann den zweiten kurzen und zum Schluss den langen Streifen an deren beiden Enden auf das Seil auf. Wer möchte, fügt erneut einen oder mehrere Holzwürfel hinzu. Zuletzt wird alles mit einem festen Knoten fixiert.

Tipp: Das Spielzeug kann mit Schredderpapier gefüllt auf dem Boden oder hängend verwendet werden.

Schmackofatz, alles was schmeckt

Foto: Mario Bichler

Wie bereits angesprochen fliegen freilebende Papageien, Sittiche und Co. täglich mehrere Kilometer, um an Nahrung zu gelangen. Doch unseren Heimvögeln wird jeden Tag „der Tisch gedeckt". Die Näpfe werden häufig so sehr gefüllt, dass die Vögel gar nicht alles fressen können. Stattdessen suchen sie sich die leckersten, fettreichen Sämereien heraus.

Warum schicken wir unsere Vögel nicht einmal auf Futtersuche und platzieren ihre Mahlzeiten an anderer Stelle und auf andere Weise? Es ist nicht schwierig, ein wenig Abwechslung in die tägliche Futteraufnahme zu bringen und dieses für den Papagei oder Sittich dadurch interessant zu machen. Unter Umständen sollten wir etwas Geduld haben, denn nicht jeder Vogel nimmt Veränderungen gleich schnell an. Mitunter kann es einige Zeit dauern, bis dieser sich auf neue Futtermethoden einlässt. Die nachfolgenden Anleitungen, Tipps und Tricks sorgen für Abwechslung im Speiseplan unserer Lieblinge.

Knabberstangen

Welcher Papageien und Sittichalter kennt sie nicht, die Knabberstangen? Man findet sie in jedem Drogeriemarkt, Lebensmittelgeschäft oder im Zoofachgeschäft. Sie sind eine tolle Beschäftigung, doch meist ebenso eine echte Kalorienbombe. Einige Knabberstangen werden mit viel Honig oder Industriezucker gesüßt, was schädlich für unsere Vögel ist. Zudem finden sich oftmals andere, ungeeignete Grundzutaten, wie z.B. Bäckereierzeugnisse darin. Auch werden diese sogenannten „Kräcker" meistens als zusätzliche Nahrungsquelle angeboten. Dabei muss man beachten, dass der tägliche Anteil an Samenmischungen, für unsere Lieblinge, 5 % der Körpermasse nicht überschreiten darf. Beispiel: Ein Nymphensittich wiegt im Durchschnitt 90 Gramm. Daraus folgt, dass 4,5 Gramm 5 % der Körpermasse entsprechen. Somit sollte der Nymphensittich, pro Tag, nicht mehr als 4,5 Gramm einer geeigneten Körnermischung erhalten. Kräcker wiegen im Schnitt ca. 25 – 35 Gramm (je nach Hersteller), für ein Paar Nymphensittiche bei Weitem zu viel! Um die Knabber-

Foto: Jennifer Gekeler

stangen aus unseren Vogelhaushalten nicht zu verbannen, habe ich gesunde und abwechslungsreiche Alter- nativen entwickelt.

Kräcker-Kringel

Wir können kleine und große Kräcker- Kringel für unsere Lieblinge herstellen, je nach Vogelgröße. Diese gelingen am besten mit kleineren Körnern, wie Hirse und verschiedenen anderen Körnern, mit einer maximalen Größe von Sonnenblumenkerne. Um größere Arten wie Aras, die auch gerne kleine Nüsschen verzehren möchten, nicht zu benachteiligen, habe ich ebenfalls eine gute Lösung gefunden.

Foto: Michael Hoffmann

Arbeitsutensilien und Zutaten

- Backofen
- Gitterrost
- Zwei Teller
- Papierkringel, Größe je nach Vogelart, diese können wir in auserwählten Shops erwerben
- Mehlkleister
- Geeignete Körnermischung, maximale Größe von Sonnenblumenkerne.

Anleitung

1. In einen der Teller füllen wir etwas Mehlkleister und in den anderen die Körnermischung.
2. Nun wird der Kringel in den Mehlkleister eingelegt. Sie sollten komplett mit Kleber benetzt sein, der größere nur bis zur Pappöse.
   Tipp: Es ist wichtig, dass der Papierkringel, egal ob groß oder klein, nur kurz im Teller liegt, da er sonst aufweicht und seine Form verliert, schlimmstenfalls auseinander bricht.
3. Anschließend legen wir den Ring in den Teller mit der Körnermischung und wenden ihn mehrmals.
   Tipp: Wenn der Kräcker-Kringel nicht komplett mit Körnern benetzt ist, ist dies nicht schlimm. Wir wissen, dass einem Papageien oder Sittich, pro Tag, nicht mehr als 5 % der Körpermasse an Samenmischungen zum Fressen angeboten werden sollte.
4. Die fertigen Kringel werden im geschlossenen Backofen bei 100 °C für ca. 20 Minuten getrocknet.

Nuss-Kräcker-Kringel
Dieser eignet sich vor allem für größere Aras. Er unterscheidet sich von den anderen Kräckern dadurch, dass wir zerkleinerte Nüsschen anstatt der Körnermischung verwenden.

Paparillo

Fotos dieser Doppelseite: Jennifer Gekeler

Die „Paparillos" sehen aus, wie kleine Zigarillos, und sie sind eher für größere Papageienarten geeignet. Diese können sie mit ihren Füßen festhalten und somit auch als Spielzeug verwenden.

Arbeitsutensilien und Zutaten

- Backofen
- Gitterrost
- Küchenraspel
- Schredderpapier, natur-braun
- Mehlkleister
- Geeignete Körnermischung
- 1 Bio-Apfel und 1 Bio-Karotte oder anderes Obst und Gemüse

Anleitung

1. Wir beträufeln das Schredderpapier mit Mehlkleister, damit es weich wird.
2. Daraus formen wir eine Stange.
   Tipp: Möchte man den„Paparillo" aufhängen, kann man an dessen Ende eine Pappöse herstellen.
3. Die Stange lassen wir auf einem Gitterrost für ca. 20 Minuten bei 100°C im Backofen vortrocknen.
4. Sie muss des Weiteren für 24 Stunden bei Zimmertemperatur austrocknen.

Wir haben nun zwei Möglichkeiten, den „Paparillo" für unsere Papageien oder Sittiche mit Leckereien aufzupeppen.

Körner: Die getrocknete Stange wird mit unserem altbewährten Mehlkleister benetzt und anschließend Körner darüber gestreut.
Obst/Gemüse: Wieder benetzen wir den Stick mit Kleber und bestreuen ihn dann mit zerkleinertem Obst oder Gemüse. Dieses sollte möglichst klein geraspelt werden, das hat zwei Gründe:

1. Die Zutaten trocknen schneller durch.
2. Die Papageien, Sittiche und Co haben mehr Mühe damit, den „Paparillo" abzuknabbern.

Auch diese beiden Varianten müssen bei 100 ° C im Backofen trocknen. Dabei muss darauf geachtet werden, dass die Obst- und Gemüseraspeln vollständig „gedörrt" sind. Auch sollten die Stangen zügig verfüttert werden.

Tipp: Am besten fertigt man ein paar Paparillo-Rohlinge als Vorrat. Somit müssen, bei Bedarf, nur noch Körner, Obst oder Gemüse darüber gestreut und die Sticks im Backofen getrocknet werden.

Knabber-Lolli

Arbeitsutensilien und Zutaten

- Backofen
- Gitterrost
- Schüssel
- Dünne kurze Holzzweige, in ihrer Größe angepasst an die Vögel
- Geeignete Körnermischung oder Backmischung für Papageien und Sittiche
- Mehlkleister

Anleitung

1. Ein Esslöffel Mehlkleister und drei Esslöffel Körnermischung werden, in einer Schale gründlich vermengt. Dabei ist es wichtig, dass die Füllung nicht zu flüssig ist. **Tipp**: Für die krümelige Konsistenz fügt man entweder Körner bzw. Bio- Vollkornmehl hinzu oder weiteren Kleber.
2. Diese Mischung sollte für ca. 5 Minuten ruhen, bevor sie weiter verwendet werden kann.
3. Nun legen wir die dünnen Zweige bereit. Damit die Körnermasse nicht an unseren Händen klebt, benetzen wir sie mit kaltem Wasser.
4. Dann entnehmen wir der Schüssel etwas Teig und drücken diesen um den Zweig. Dabei sollte wieder auf die Menge der Körner geachtet werden, damit wir unseren Papagei oder Sittich nicht überfüttern.
5. Der Knabber-Lolly wird für ca. 20 Minuten bei 100 ° C im geschlossenen Backofen gebacken.
6. Um auszukühlen legt man ihn auf einen Gitterrost.

Papp-Nuss

Die Papp-Nüsse sind besonders geeignet für Papageien mit einem kräftigen Schnabel wie z.B. die größeren Aras. In freier Wildbahn ernähren sich diese oft von Palmfrüchten und extrem festen Palmnüssen. Die Palmfrüchte bestehen aus Fruchtfleisch und einem harten Kern im Inneren. Wenn man den Kern knackt, findet man darin eine kleine Nuss, die stark an den Geschmack einer Kokosnuss erinnert. Mit der Papp-Nuss imitieren wir das Fruchtfleisch der Palmfrüchte. Palmfrüchte sind in Deutschland schwer zu beziehen. Hat man das Glück und konnte welche erwerben, empfiehlt es sich, diese so schnell wie möglich einzufrieren und bei Bedarf aufzutauen. Macadamia-, Peca -, Hasel-, oder andere Nüsse in der Schale gibt es im Tierfachhandel als auch im Supermarkt. Dabei sollte auf die Qualität geachtet und Bio-Produkte bevorzugt werden. Die Nüsse dürfen nicht gesalzen sein.

Arbeitsutensilien und Zutaten

- Backofen
- Gitterrost
- Schere
- Stecknadel
- Feuchtes Pappleder, sechs Schichten, s. Seite 36
- Mehlkleister
- Nüsse in der Schale, z.B. Macadamianüsse

Anleitung

1. Wir schneiden das Pappleder in ca. 10 x 15 cm große Rechtecke.
   Tipp: Sollte das Leder zwischenzeitlich etwas ausgetrocknet sein, empfiehlt es sich, die oberste Schicht nochmals leicht mit dünnem Mehlkleister zu benetzen.
2. Die Macadamianuss wird mittig auf das Rechteck gelegt und das Leder anschließend zusammengefaltet.

Foto: Jennifer Gekeler

3. Am oberen Ende formen wir eine Spitze. Hierbei ist es wichtig, dass die Nuss komplett verschlossen wird und das Papier, so wenig Angriffsfläche wie möglich, bietet.
4. Die Pappnuss legen wir nun auf einen Gitterrost und lassen sie leicht antrocknen.
5. Um das Trocknen im Backofen zu beschleunigen, werden mit Hilfe einer Stecknadel kleine, feine Löcher in die Papp-Nuss gestochen.
6. Diese lässt man nun im Backofen auf dem Gitterrost bei 50 C für 20 min trocknen. Dabei sollte alle fünf Minuten die Backofentüre geöffnet werden, damit Wasserdämpfe entweichen können.
7. Nun muss die Pappnuss für einen Tag, bei Zimmertemperatur, vollständig austrocknen.

Gefüllte Papiertaschen

Gefüllte Papiertaschen erinnern an Teigtaschen, wie z.B. Ravioli. Auch hier wird das Besondere im Inneren versteckt, so dass unsere Lieblinge damit beschäftigt sind, das Leckerli „auszupacken". Die Papiertaschen können in den Napf gelegt oder in die Voliere gehängt werden und sind dadurch auch für kleinere Vögel geeignet.

Arbeitsutensilien und Zutaten

- Gitterrost
- Akkubohrschrauber
- Holzbohrer
- Schere
- Schüssel
- Löffel
- Pinsel
- Nadel
- Pappleder, feucht
- Mehlkleister, flüssige Konsistenz
- Geeignete Körnermischung oder Trockenfrüchte, angepasst an die Vögel
- Bio- Vollkornmehl

Hyazinth Ara Breiti mit einer Papp-Nuss.
Foto: Isabell Ziermann

Anleitung

1. Wir mischen einen Esslöffel Mehlkleister, drei Esslöffel einer geeigneten Körnermischung und einen Esslöffel Bio- Vollkornmehl und kneten dies zu einem Teig. Nach Wunsch können wir auch klein geraspeltes Obst oder Gemüse beimengen.
   Tipp: Ebenso lassen sich auch gekaufte Leckerli- Backmischungen für Papageien und Sittiche verwenden.
2. Die Masse lassen wir für ca. 15 Minuten im Kühlschrank ruhen.
3. Nun kann man Leckerli-Kugeln aus dem Teig formen. Für kleinere Vogelarten, wie z.B. Sperlingspapageien, sollten die „Naschbällchen" eine Größe von ca. einem Zentimeter nicht überschreiten. Für Amazonen, Kakadus, Graupapageien, Aras o.ä. werden größere Kugeln geformt. **Hinweis**: Auch hierbei ist auf die Fütterungsmenge zu achten.
4. Die fertig geformten Bällchen werden nun auf einen Gitterrost im Backofen für ca. 20 Minuten bei 100° C gebacken. Bei größeren Kugeln muss die Backzeit entsprechend verlängert werden.
5. Die gebackenen Leckerli lassen wir anschließend vollständig abkühlen.

Herstellung der Papiertaschen

1. Wir schneiden das feuchte Pappleder mit Hilfe der Schere in Quadrate. Für kleinere Vogelarten, wie z.B. Wellensittiche oder Sperlingspapageien, verwenden wir ein 2-4 schichtiges Leder, für größere Tiere, z.B. hellrote Aras, kann auch ein dickeres verwendet werden.
2. Die Ränder der Quadrate werden nun drei Zentimeter breit mit Mehlkleister bestrichen. Dafür kann ein Pinsel oder unser Finger benutzt werden.
3. Nun platzieren wir in der Mitte der Quadrate je eine gebackene Kugel oder ein gekauftes Leckerli.
   Hinweis: Das „Naschbällchen" darf niemals in ungebackenem Zustand in die Papiertaschen gefüllt werden, weil dessen Feuchtigkeit aus der geschlossenen Umhüllung kaum entweichen kann. Die Gefahr, dass der Teig schimmeln würde, ist enorm hoch.

4. Jetzt werden die Papierquadrate zusammen gefaltet und die Ränder fest zusammengedrückt. Es ist egal ob wir Dreiecke oder Rechtecke formen.
5. In die noch feuchten Papiertaschen stechen wir mit Hilfe einer Nadel kleine Löcher, so dass die restliche Feuchtigkeit aus dem Pappleder entweichen kann.
6. Da Pappleder niemals im Backofen getrocknet werden darf, weil es sonst aufbläht und sich im schlimmsten Fall die Ränder der Tasche ablösen, lassen wir sie auf einem Gitterrost bei Zimmertemperatur für ca. 24 Stunden vollständig austrocknen.
   Tipp: Taschen aus dünnem Pappleder trocknen sehr viel schneller und können somit vorzeitiger unseren Papageien oder Sittichen angeboten werden.

7. Wollen wir die Papiertasche aufhängen, können wir in deren Rand mit Hilfe des Akkubohrschraubers ein Loch bohren. Dieses sollte der Größe des Seiles, welches wir verwenden, angepasst werden.
   Tipp: Natürlich lassen sich die Papiertaschen auch im Futternapf, einer Wühlkiste oder einem Versteck platzieren.

Gefüllte Banksia-Grandis-Zapfen

Banksien wachsen fast ausschließlich auf dem australischen Kontinent. Einigen Lorihaltern wird bekannt sein, dass sich, z.B. die Gebirgsloris vom leckeren Nektar der Banksienblüten ernähren. Sogar die Bestäubung erfolgt interessanterweise mitunter durch verschiedene Loriarten. Die Fruchtstände, also die Zapfen, sind verholzt und extrem hart. Sie können somit auch bei Papageienarten mit einem kräftigen Schnabel eingesetzt werden. Wir können diese hervorragend mit einer Körnermischung oder einzelnen, größeren Leckereien, z.B. Pinienkernen oder Rosinen befüllen. Wo bekommen wir diese Wunderzapfen her? Ich persönlich bestelle sie nicht in einem Deko-Bastelshop, denn die Banksien sollten chemisch unbehandelt sein. Man findet sie immer öfter in speziellen Onlineshops für Papageien und Sittiche.

Arbeitsutensilien und Zutaten

- Gitterrost
- Banksia-Grandis Zapfen
- Akkubohrschrauber
- Bohrer, Durchmesser angepasst an die Ösenschraube
- Ösenschraube aus Edelstahl
- Aufhänger (Kettennotglied), aus Edelstahl
- Kette oder Seil, angepasst an die Größe des Papageis oder Sittichs
- Schüssel
- Esslöffel
- Mehlkleister
- Körnermischung, kleine Körner bis max. Sonnenblumenkerngröße

Anleitung

Fotos dieser Doppelseite: Jennifer Gekeler

1. Für die Aufhängung bohren wir mit Hilfe des Akkubohrschraubers ein Loch in den Banksia-Grandis Zapfen.
2. Die Ösenschraube wird nun von Hand in diese Bohrung tief genug eingedreht, bis sie Halt findet.
3. Für die Füllung des Banksia-Grandis Zapfen werden ein Esslöffel Mehlkleister und drei Esslöffel Körnermischung in einer Schale gründlich vermengt. Dabei ist es wichtig, dass die Füllung nicht zu flüssig ist.
   Tipp: Für die krümelige Konsistenz fügt man entweder Körner bzw. Bio- Vollkornmehl hinzu oder weiteren Kleber.

4. Diese Mischung sollte für ca. 5 Minuten ruhen, bevor sie weiter verwendet werden kann.
5. Nun wird die Füllung in die Löcher der Banksia-Grandis Zapfen eingebracht.
   Tipp: Wenn wir unsere Hände zuvor mit kaltem Wasser benetzen, verhindern wir, dass die Körnermasse daran kleben bleibt.

Foto: Jennifer Gekeler

6. Sind die Löcher des Zapfens vollständig gefüllt, muss dieser bei 100 °C für ca. 30 Minuten im Backofen backen.
7. Um auszukühlen legt man ihn auf einen Gitterrost.
8. Nun können wir ein Kettennotglied je nach Wunsch mit Seil oder Kette an der Ösenschraube anbringen.

Tipp: Sind alle Körner herausgepult worden, können die Banksia-Grandis-Zapfen mit etwas Wasser ausgespült und wieder verwendet werden.

Leckerli-Taler

Foto: Gaby Schulemann-Maier

Spielzeuge für unsere Papageien, Sittichen und Co, werden hauptsächlich durch Futter interessant. Darum ist es sinnvoll, neben Holzwürfeln oder anderen Bastelteilen, auch Leckereien anzufügen. Hierfür eignen sich u.a. meine Leckerli-Taler.

Arbeitsutensilien und Zutaten

- Backofen
- Backpapier
- Gitterrost
- Schüssel
- Geeignete Körnermischung oder Backmischung für Papageien und Sittiche und evt. Bio- Vollkornmehl
- Mehlkleister

Anleitung

1. Für den Teig werden ein Esslöffel Mehlkleister und drei Esslöffel Körnermischung in einer Schale gründlich vermengt. Dabei ist es wichtig, dass die Füllung nicht zu flüssig ist.

Tipp: Für eine knetbare Konsistenz fügt man entweder Körner bzw. Bio- Vollkornmehl hinzu oder weiteren Kleber.

2. Die Mischung sollte für ca. 5 Minuten ruhen, bevor sie weiter verwendet werden kann.
3. Aus dem Teig formen wir, am besten direkt auf dem Backpapier, kleine, dünne Taler. Diese werden mit Hilfe unseres Fingers mit einem Loch versehen.
4. Nun müssen die Leckerlis noch für ca. 20 Minuten bei 100° C im Backofen backen.
5. Anschließend kühlen sie auf einem Gitterrost ab.

Die Loritränke

Die Idee der Loritränke entstand durch einen Zufall. Ich selber halte seit einigen Jahren ein Pärchen Gebirgsloris in einer Kombination aus Innen- und Außenvoliere. Ihnen fütterte ich zweimal täglich frischen Lorinektar in einem Schüsselchen. Im Sommer 2013 gab es bei uns auf der Schwäbischen Alb extrem viele Wespen, was mich als Tierfreund in der heutigen Insekten armen Zeit erfreut. Doch in diesem Fall war es sehr frustrierend! Die Wespen hatten den süßen Nektar gesucht und gefunden, einige schwammen und ertranken sogar darin. Meine Loris waren nur noch damit beschäftigt, die Insekten zu verscheuchen. Es musste eine Lösung für dieses Problem her! Mein erstes Haustier war ein kleiner, wundervoller Hase, und wie die meisten Häschen hatte auch meiner eine Wasserflasche am Käfig angebracht. Bei meinen Gedanken daran war die Idee der Loritränke geboren.

Wir benötigen eine Wasserflasche für Kaninchen. Diese findet man in jedem Zoofachgeschäft. Man sollte jedoch darauf achten, dass das Mundstück aus Edelstahl besteht. Um den Saft vor möglichen Sonneneinstrahlungen zu schützen, empfiehlt es sich, eine passende Thermoschutzhülle für den Wasserspender zu erwerben. Die Flasche wird von außen an die Voliere gehängt. Die Loris können so mit ihrer Pinselzunge die Kugel nach oben schieben und den Nektar aus der Tränke „schlabbern". Selbstverständlich wird die Flasche nach Gebrauch auseinander gebaut und alle Teile in heißem Wasser gesäubert. Das Mund- bzw. in unserem

Fotos dieser Seite: Jennifer Gekeler

Fall das Schnabelstück sollte besonders gut gereinigt werden, damit keine Rückstände an der Kugel verbleiben.
Hinweis: Die Tränke eignet sich besonders für Loris, denn diese interessieren sich, anders als z.B. die Aras, mehr am Nektar als an der Flasche selbst.

Gefüllte Zapfen

Die Beschäftigung mit gefüllten Pinien- oder Kiefernzapfen sieht man häufig bei Menschenaffen in zoologischen Einrichtungen. Dort werden sie mit Honig bepinselt und kleine Nüsschen darüber gestreut. Wir übernehmen dieses Prinzip der Beschäftigung, ändern die Herstellung aber etwas ab. In dieser Anleitung verwenden wir sehr wenig Honig.

Arbeitsutensilien und Zutaten

- Gitterrost
- Schüssel
- Löffel
- Große Pinienzapfen
- Eine 1ml Einmalspritze
- Honig
- Mehlkleister
- Feuchte Pappschnur
- Körnermischung oder Trockenfrüchte
- Bio-Vollkornmehl

Anleitung - Schnelle Variante

1. Wir vermengen einen Esslöffel Mehlkleister, drei Esslöffel Körnermischung, einen Esslöffel Bio-Volkkornmehl und ein wenig Honig in einer Schüssel. Es ist wichtig, dass die Füllung nicht zu flüssig ist und eine knetbare Konsistenz aufweist.
   Tipp: Ist die Masse zu dick, fügt man weiteren Kleber hinzu, ist sie zu dünn, mischen wir noch Körner oder Bio- Vollkornmehl unter. Nach Wunsch können auch kleine Obst- oder Gemüseraspeln dazu gegeben werden.
2. Diese Mischung sollte für ca. 15 Minuten ruhen, bevor sie weiter verwendet werden kann.
3. Nun wird mit der Einmalspritze etwas Mehlkleister aufgezogen und kleine Mehlkleisterklekse auf den Pinienzapfen gespritzt. Es sollten wirklich nur kleine-Klekse sein, welche als Haftvermittler zwischen Zapfen und Leckerli dienen.
4. Auf diese Klekse können wir jetzt Teigstückchen, Sonnenblumenkerne oder sonstige Leckereien drücken.
5. Der Zapfen wird nun bei 100 ° C für ca. 20 Minuten im Backofen gebacken.
6. Anschließend lassen wir ihn auf einem Gitterrost abkühlen.

Die Leckereien können von unseren gefiederten Lieblingen in dieser „schnellen Variante" sehr leicht „herausgepflückt" werden. Deshalb gibt es noch eine weitere Variante für fortgeschrittene Papageien und Sittiche.

Anleitung - Fortgeschrittenen Variante

In dieser Anleitung werden in die kleinen Rillen der Pinienzapfen zusätzlich zu den Leckereien feuchte Pappschnüre eingewickelt. Dadurch muss der Vogel zuerst die Schnur durchzwicken, um an die Belohnung, das Leckerli, zu gelangen. Die fertigen Zapfen können natürlich auch aufgehängt werden. Hierfür verwenden wir keine Seile. Da die Zapfen oftmals sehr klein sind, bräuchte man dünne Schnüre dafür. Diese können zu einer Verletzungsgefahr für unsere gefiederten Lieblinge werden. Eine feuchte Pappschnur ist darum die bessere Wahl, denn diese kann hervorragend um den Zapfen gewickelt werden. Auch lässt sich aus dem Ende der Schnur eine Öse formen, in welche ein Kettennotglied eingefädelt werden kann.

Tipp: Wickelt man mehre Pappschnüre nicht komplett um den Zapfen, sondern lässt deren Enden überstehen, wird es für den Papagei oder Sittich schwieriger, an die Leckereien zu gelangen, weil er zuerst die Schnüre abzwicken muss.

Frucht- und Gemüsespieß

Früchte müssen nicht immer in schnabelgerechte Stücke geschnitten werden. Wir können unseren Vögeln auch größere Obst- und Gemüseteile, aufgespießt auf einem Nagel oder einer Schraube, anbieten.

Dazu benötigen wir einen Akkubohrschrauber, einen Hammer, Edelstahldrahtstifte oder Edelstahlschrauben. Wir nehmen kleine Holzstämme oder dickere Äste und bringen die Schrauben oder Drahtstifte mit Hilfe des Akkubohrschraubers oder eines Hammers darauf an.
Tipp: Hierbei ist es wichtig, dass diese nicht an der Holzunterseite herausragen, sonst kann sich der Vogel eventuell daran verletzen. Des Weiteren sollten die Edelstahlspieße, an der Holzoberseite, nicht zu sehr aus den Ästen oder Stämmen ragen, zwei- drei Zentimeter reichen hier völlig aus.

Es bleibt jedem Papageien- oder Sittichhalter selbst überlassen, ob er sich für Nägel oder Schrauben entscheidet. Es ist wichtig, diese nach jedem Gebrauch gründlich zu säubern. Drahtstifte lassen sich besser reinigen, da sie eine glatte Oberfläche aufweisen. Schrauben hingegen können schneller und leichter aus dem Holz geschraubt und somit außerhalb der Voliere gereinigt werden.

Fotos dieser Doppelseite: Jennifer Gekeler

Lehmsteine

Viele werden die beeindruckenden Bilder der Aras, an den sogenannten Lehmlecken in Südamerika, aus Büchern oder Filmaufnahmen kennen. Vielleicht hatte der eine oder andere sogar schon das Glück, ein solches Ereignis live in der freien Wildbahn zu beobachten. Auch wir können unseren Papageien, Sittichen und Co Lehmsteine anbieten. Im Fachhandel findet man hauptsächlich Kalksteine, die ohne Lehm angeboten werden. Gekaufte Lehmsteine sind oftmals porös und haben deshalb kein Loch zum Aufhängen. Darum habe ich eine Mischung zusammengestellt, mit der man sowohl große, kleine, als auch Mini-Lehmsteine, zum Auffädeln, herstellen kann.

Arbeitsutensilien und Zutaten

- Gitterrost
- Schüssel
- Gummihandschuhe
- Silikonmuffinform
- Vogelgrit oder gemahlene Muschelschalen
- Vogelkohle
- Reines Lehmpulver, alternativ kann auch Heilerde verwendet werden
- Wasser
- Meersalz
- Mineralien, Je nach Wunsch

Anleitung

1. Wir vermengen: fünf Teile Lehmpulver, einen Teil lauwarmes Wasser, etwas Vogelgrit oder gemahlene Muschelschalen, eine Prise Vogelkohle und eine Prise fein gemahlenes Meersalz (Hier gilt: „ lieber zu wenig als zu viel") zu einem Teig. Dieser sollte nicht zu flüssig sein, eine zäh-feste Konsistenz ist optimal.
2. ***Große Lehmsteine:*** Dieses Lehmgemisch wird in die Silikonmuffinform gefüllt und an einem warmen Ort-vorgetrocknet.

Fotos dieser Seite: Jennifer Gekeler

Kleine Lehmsteine: Aus dem Lehmgemisch werden ehrere Kugeln oder Quadrate mit glatter Oberfläche geformt. Mit Hilfe eines Holzstäbchens durchbohren wir diese Teile, um ein Seil oder eine Kette durchfädeln zu können.

3. Nun lassen wir die Lehmsteine an einem trockenen und schattigen Ort für ca. zwei Wochen trocknen. Es versteht sich von selbst, dass die größeren Steine eine längere Trocknungszeit brauchen als die kleineren.

Tipp 1: Ich empfehle, die größeren Lehmsteine nach ca. einer Woche vorsichtig aus der Muffinform zu nehmen. Dadurch verkürzt sich deren Trocknungszeit.
Tipp 2: Die Steine sollten nicht der prallen Sonne ausgesetzt werden. Es würden dadurch Risse entstehen, die Formen könnten platzen und schlimmstenfalls auseinanderbrechen.

Walnuss-Schiffchen

Papageien und Sittiche lieben Walnüsse. Da diese sehr fettreich sind, sollten sie nur in geringen Mengen angeboten werden. Des Weiteren muss die Nuss eine hohe Qualität aufweisen, aus biologischem Anbau stammen und schimmelfrei sein. Für das Walnussschiffchen verwenden wir die Schalenhälften, welche wir wie kleine Holz-Schiffchen aussehen lassen. Das Innere dieser Boote bestreichen wir dünn mit einer Körnerfüllung, damit unsere gefiederten Lieblingen diese Leckerei „mühsam" mit dem Schnabel herauskratzen müssen.

Foto: Jennifer Gekeler

Arbeitsutensilien und Zutaten

- Gitterrost
- Bio- Walnüsse
- Spitzes Messer
- Teelöffel
- Mehlkleister
- Körnermischung, kleine Körner bis max. Sonnenblumenkerngröße
- Chilischote, getrocknet
- Kürbiskerne, groß

Anleitung

1. Wir öffnen die Walnuss, indem wir sie mit einem Messer an der rundumlaufenden Naht aufbrechen. Wir schütteln die Nussstückchen heraus und kratzen mit Hilfe eines Teelöffels die Halbschalen frei von ihren Innenhäuten.
2. Für den Teig werden ein Esslöffel Mehlkleister, drei Esslöffel Körnermischung und ein Esslöffel Bio- Vollkornmehl in einer Schale, gründlich vermengt. Es ist wichtig, dass die Füllung nicht zu flüssig ist.
   Tipp: Für eine knetbare Konsistenz fügt man entweder Körner bzw. Bio- Vollkornmehl hinzu oder weiteren Kleber. Je nach Wunsch, können auch klein geraspelte Obst- oder Gemüsestückchen in den Teig vermengt werden. Ebenso lassen sich gehackte Walnussstücke einarbeiten.
3. Die Mischung sollte für ca. 5 Minuten ruhen, bevor sie weiter verwendet werden kann.
4. Wir füllen nun dünn den Boden der Schiffchen mit der Körnermasse.
5. Damit die Walnussschalenhälften aussehen wie Segelboote und „ durch die Futternäpfe unserer gefiederten Lieblingen fahren können“, drücken wir eine Chilischote in die weiche Teigfüllung der Nuss.
   Hinweis: Papageien und Sittiche lieben getrocknete Chilischoten, trotz deren Schärfe.
6. Die fertigen Walnussschiffchen werden für ca. 20 Minuten bei 100 ° C im geschlossenen Backofen gebacken.
7. Zum Auskühlen legt man sie auf einen Gitterrost.

Frucht- und Gemüseleder

Frisches Obst oder Gemüse verdirbt sehr schnell. Um es länger haltbar zu machen, können wir daraus Frucht- oder Gemüseleder herstellen. Dieser vegane „Snack“ schmeckt nicht nur uns, sondern auch unseren gefiederten Freunden. Das Frucht- oder Gemüseleder besteht aus einem Püree, welches im Backofen oder einem Dörrautomaten über Stunden getrocknet wird. Wir entziehen der Frucht oder dem Gemüse die Feuchtigkeit und dadurch den Lebensraum für Pilze und Bakterien. Somit kann das entstandene Leder über mehrere Wochen, in einem luftdichten Behälter, problemlos aufbewahrt werden.

Was wir beachten müssen:

1. Zum Trocknen von Obst und Gemüse werden im Handel spezielle Dörrautomaten bzw. Dehydratoren angeboten. Doch auch der Feuchtigkeitsentzug in einem Backofen funktioniert gut, wenn dieser sich auf nied-rige Temperaturen einstellen lässt und eine Umluft-Funktion besitzt.
2. Um ein gleichmäßiges Püree herstellen zu können, empfiehlt es sich, einen Hochleistungsmixer zu verwenden. Durch ihn werden auch die kleinsten Frucht-

oder Gemüsereste klein gehäckselt. Einem handelsüblichen Stabmixer gelingt dies auch, allerdings müssen die Zutaten zuvor in kleine Stücke geschnitten werden.

3. Reines Fruchtleder ist süß, aber auch Gemüseleder sollte nur in Maßen verfüttert werden.

Arbeitsutensilien und Zutaten

- Backofen oder Dörrautomat
- Stab- oder Hochleistungsmixer
- Teigschaber
- Backpapier
- Bio-Früchte oder Bio-Gemüse

Anleitung

Dörren im Backofen

1. Wir zerkleinern die Früchte oder das Gemüse, mit Hilfe des Mixers, zu einem feinen Püree.
   Tipp: Die Masse sollte cremig sein, die Zugabe von zusätzlicher Flüssigkeit ist daher nicht sinnvoll. Eine wässrige Masse benötigt deutlich mehr Zeit um zu trocknen.
2. Das Backpapier wird auf das Backblech gelegt. Darauf wird das Frucht- oder Gemüsepüree, mit Hilfe des Teigschabers, gleichmäßig verstrichen.
   Tipp: Eine Schicht zwischen 0,5- 1,0 cm ist optimal. Je dicker die Masse umso länger die Trocknungszeit. Achtung: Zu dünnes Leder wird oft brüchig!
3. Das Püree wird im Backofen bei 80°C Umluft für ca. vier Stunden getrocknet. Mit dem Finger testen wir, ob die Oberfläche trocken ist. Sollte sich diese noch klebrig anfühlen, muss das Leder erneut für weitere 30- 60 Minuten dörren.
4. Ist das Leder trocken, können wir es dank des Backpapieres leicht vom Blech abziehen.
5. Um es aufzubewahren, legen wir das Leder in einen luftdichten Behälter. So bleibt das Aroma erhalten und es kann für mehrere Wochen gelagert werden.

Verschiedene Rezepte

Fruchtleder

Für ein helles Fruchtleder eignen sich vor allem Äpfel, Bananen, Aprikosen, Nektarinen, Mirabellen, Birnen, Mangos oder Papayas. Ein rötliches Leder erhält man, indem dem Püree Himbeeren beigemischt werden. Meine Vögel bevorzugen eine Mischung aus einer kleinen Mango, zwei Mirabellen, einer halben Papaya und 5-8 Himbeeren.

Frucht-Gemüse-Mix

Da reines Fruchtleder, je nach Reifegrad des Obstes, sehr süß ist, können wir auch Gemüse unter das Püree mischen. Eine reife Mango wird mit einer Mirabelle und einer halben kleinen Zucchini gemixt.

Gemüseleder

In manchen Gemüsesorten wie z.B. Gurke oder Tomate ist viel Wasser enthalten. Es ist daher sinnvoll, solches Gemüse mit Zucchini, Karotten oder Paprika zu mischen. Eine Kombination aus einer mittelgroßen Zucchini, einer Tomate und einer halben Paprika ergibt eine gute Konsistenz.

Tipp 1: Ist die Masse dennoch zu flüssig geworden, können wir sie in einem Tuch auswringen, damit das überflüssige Wasser herausfließt.

Tipp 2: Vor allem Gemüseleder bekommt beim Dörren oft Löcher. Diese lassen sich ganz einfach mit neuem Püree füllen und nochmal trocknen.

Crunchie-Leder

Wenn wir unter das Gemüse- oder Fruchtpüree kleine Körnchen, z.B. Hirse oder Walnussstückchen mischen, erhalten wir „Crunchie"- Leder.

Frucht- und Gemüseleder - Variationen
Lollipop

Arbeitsutensilien und Zutaten

- Gitterrost
- Fertiges Frucht- oder Gemüseleder
- Dünnes Holzstäbchen
- Runde kleine Plätzchenausstechform
- Mehlkleister

Anleitung

1. Mit Hilfe der Plätzchenausstechform, stechen wir zwei kleine runde Kreise aus dem Frucht- oder Gemüseleder.
2. Die beiden Kreise werden, jeweils auf einer Seite, mit etwas Mehlkleister bestrichen.
3. Auf einen der beiden legen wir ein dünnes Holzstäbchen und drücken dieses auf das Leder.
4. Der andere Kreis wird nun mit der benetzten Seite auf das Stäbchen, bzw. dem ersten Kreis fest angedrückt.
5. Den so entstandenen „Lollipop" legen wir auf einen Gitterrost und lassen ihn für 24 Stunden bei Zimmertemperatur trocknen.

Frucht-Gemüse-Sticks

Arbeitsutensilien und Zutaten

- Fertiges Frucht- oder Gemüseleder
- Pizzaroller oder Schere

Anleitung

Wir schneiden fertiges Frucht- und Gemüseleder mit Hilfe des Pizzarollers oder der Schere in schnabelgerechte Stücke.

Schlangenstab

Arbeitsutensilien und Zutaten

- Fertiges Frucht- oder Gemüseleder
- Dünnes Holzstäbchen
- Pizzaroller oder Schere

Alle Fotos dieser Doppelseite: Jennifer Gekeler

Anleitung

1. Wir schneiden das fertige Frucht- und Gemüseleder mit Hilfe des Pizzarollers oder der Schere in ca. 5mm breite Streifen.
2. Die dünnen Lederschlangen werden nun um das Holzstäbchen gewickelt und fest angedrückt.

Gefüllte-Leder-Rolle

Arbeitsutensilien und Zutaten

- Fertiges Frucht- oder Gemüseleder
- Pizzaroller oder Schere
- Schüssel

- Messer
- Gemüseraspel
- Bio-Salat
- Bio-Zucchini
- Bio-Paprika
- Golliwoog oder Vogelmiere
- Bio-Kokosstreusel
- Bio-Walnuss

Anleitung

1. Wir schneiden das fertige Gemüseleder, mit Hilfe des Pizzarollers oder der Schere in ca. 5 cm breite Streifen.
2. Mit dem Gemüseraspel wird der Salat, der Paprika und die Zucchini zerkleinert. Für den „Crunch" wird die Walnuss mit dem Messer in kleine Stückchen gehackt.
3. In einer Schüssel vermengen wir das Gemüse, die Walnussteilchen, die Kokosnussstreusel und den Golliwoog bzw. die Vogelmiere.
4. Die Lederstücke werden nun mit diesem Gemisch gefüllt und zu einem „Wrap" aufgerollt.
5. Da das Gemüse schnell verdirbt, sollte es zügig verfüttert werden.

Papaya-Kokos-Cupcakes

Diese Papaya-Kokos-Cupcakes bieten unseren Krummschnäbeln eine tolle schmackhafte Abwechslung auf ihrem Speiseplan. Papaya ist eine wahre Powerfrucht und stärkt das Immunsystem unserer Lieblinge. In diesem Cupcake-Rezept verwenden wir nur das Frucht-Püree ohne die kleinen schwarzen Körnchen. Die dunklen Samen sollten wir keinesfalls entsorgen, wer möchte kann diese unter den Teig mischen, denn sie beugen Parasitenbefall vor. Zudem können wir „Federlosen“ die Körnchen trocknen und als gesundes Würzmittel in der Küche verwenden.

Arbeitsutensilien und Zutaten

- Backofen
- Backblech
- Backpapier
- Gitterrost
- Zwei Schüsseln
- Esslöffel
- Eine Handvoll Himbeeren
- Quinoa Samen

Teigrezept (Masse reicht für ca. 25 Mini-Cupcakes)

- 3 EL Papaya-Püree
- 3 EL Bio-Vollkornmehl
- 3 EL Maismehl
- 2 EL gepuffter Amaranth
- Zwei Wachteleier
- 1 El Kokosraspel

Anleitung

1. Wir vermischen die Zutaten des Teigrezeptes und kneten diese zu einer knetbaren Masse. In einen Teil des Teiges mixen wir zusätzlich ein paar Himbeeren.
2. Die Mischungen sollten für ca. 5 Minuten ruhen, bevor sie weiter verwendet werden können.
3. Aus dem helleren Teig formen wir am besten direkt auf dem Backpapier kleine Cupcakes. Anstatt süßer Glitzerkugeln streuen wir Quinoa Samen auf den Himbeerteig.
4. Nun müssen die Cupcakes noch für ca. 20 Minuten bei 150° C im Backofen backen.
5. Anschließend lassen wir sie auf einem Gitterrost abkühlen.

Tipp: Anstatt Papaya-Püree können wir auch Mus aus anderem Obst oder Gemüse verwenden.

Papacorn

Mit „Papacorn" und unserem Liebling auf der Schulter kann der gemütliche Fernsehabend kommen. Da dieses Popcorn ohne Öl und Zucker hergestellt wird, ist es für unsere Vögel eine kalorienärmere Variante.

Was wir beachten müssen:

Wir verwenden kein Öl für die Herstellung, des „Papacorns", daher brennen die Maiskörner schneller an. Dennoch dürfen keine beschichteten oder Teflontöpfe benutzt werden, da die Dämpfe zum Tod unserer Papageien, Sittiche und Co führen können.

Arbeitsutensilien und Zutaten

- Edelstahltopf mit passendem Deckel
- Esslöffel
- Bio-Popcorn-Maiskörner

Anleitung Papacorn

1. Wir füllen den Boden des Edelstahltopfes mit Popcorn-Mais und stellen ihn auf die voll erhitzte Herdplatte.
2. Die Körner müssen ständig in Bewegung gehalten werden. Dies gelingt am besten, indem wir mit Hilfe eines Esslöffels im Topf rühren.
3. Die Maiskörner beginnen zu hüpfen, wenn sie kurz davor sind zu platzen. Nun schließen wir den Topf mit dem Deckel und nehmen den Behälter von der Herdplatte. Das Popcorn entsteht nun von alleine.
4. Da wir kein Öl verwenden haben, kühlt das „Papacorn" schnell ab, und dem gemütlichen Fernsehabend steht nichts mehr im Wege.

„Papacorn" mit Spezialzutaten

Alle Fotos dieser Doppelseite: Jennifer Gekeler

Arbeitsutensilien und Zutaten

- Flache Schüssel oder Teller
- Mehlkleister
- Abgekühltes Popcorn
- Jeweilige Spezialzutat aus biologischem Anbau: Kräuter, Chili, Fruchtbrei, Hirse oder andere Sämereien oder Nussstückchen.

Anleitung

1. Sowohl der Mehlkleister als auch die Spezialzutat wird getrennt voneinander in je einen Teller oder ein flaches Schüsselchen gegeben.

2. Wir nehmen ein abgekühltes „Papacorn“ zwischen-zwei Finger und tauchen dessen freie Hälfte kurz in den essbaren Klebstoff.
   Hinweis: Wird er zu feucht, fällt er in sich zusammen.
3. Danach wird die mit Mehlkleister benetzte Seite in eine der Spezialzutaten gedrückt.
4. Die fertigen Knabberteile trocknen wir im geschlossenen Backofen bei 80 °C für ca. 30 Minuten.

Spezialzutaten

Kräuter

Besonders geeignet sind Golliwoog, Vogelmiere, Petersilie, Spitz- bzw. Breitwegerich oder Kapuzinerkresse, davon auch die Blüten. Alle Kräuter sollten mit Hilfe eines Messers klein gehackt werden.

Chili

Die getrocknete Chilischote wird klein geschnitten.
Achtung: Capsaicin, die Schärfe, lässt sich nicht mit Wasser abwaschen. Wir sollten entweder Einmalhandschuhe benutzen oder unsere Hände danach mit Öl abwischen oder einreiben.

Fruchtbrei

Für süße „Papacorns“ verwenden wir einen leckeren Fruchtbrei. Hierfür eignen sich vor allem Äpfel, Bananen, Aprikosen, Nektarinen, Mirabellen, Birnen, Mangos oder Papayas. Die „gepoppten“ Maiskörner werden, anstatt in Mehlkleister, in den Fruchtmix getaucht.

Hirse oder andere kleinen Sämereien

Eine krümelige Variante erhält man durch kleine Sämereien, z.B. verschiedene Hirsesorten, Nackthafer, Zichorien, Sesam, Nigersaat, Mariendistel, Leinsaat, Fenchelsamen, Hanf oder Buchweizen.

Nussstückchen

Für diese „Papacorns“ brauchen wir klein gehackte Pinienkerne, Macadamia-, Hasel-, Peca- oder Walnüsse. Auch Kokosnussstreusel sind geeignet.

Crunchie Popcorn

Arbeitsutensilien und Zutaten

- Backofen
- Edelstahltopf inkl. passendem Deckel
- Stabmixer
- Schüssel
- Esslöffel
- Bio – Popcorn - Maiskörner
- Mehlkleister
- Bio - Obst oder Bio - Gemüse

Anleitung

1. Wir füllen den Boden des Edelstahltopfes mit zwei Esslöffeln Popcorn-Mais und stellen ihn auf die voll erhitzte Herdplatte.
2. Die Körner müssen ständig in Bewegung gehalten werden. Dies gelingt am besten, indem wir mit Hilfe eines Esslöffels im Topf rühren.
3. Die Maiskörner beginnen zu hüpfen, wenn sie kurzdavor sind zu platzen. Nun schließen wir den Topf mit dem Deckel und nehmen den Behälter von der Herdplatte. Das Popcorn entsteht nun von alleine.
4. Mit Hilfe des Mixers zerkleinern wir die Gemüse- oder Obststücke zu einem feinen Püree.

5. Das Popcorn wird jetzt mit je zwei Esslöffeln Mehlkleister und zwei Esslöffeln Frucht- oder Gemüsebrei, in einem Schüsselchen vermischt.
   Hinweis: Wir sollten uns nicht wundern, wenn die Masse durch die Flüssigkeit in ihrem Volumen um ca. die Hälfte einfällt. Dieser Vorgang ist ganz normal.
6. Die Mischung muss für ca. 5 Minuten ruhen, bevor sie weiter verarbeitet werden kann.
7. Dann können wir sie für ca. 30 Minuten bei 80°C im geschlossenen Backofen trocknen. Tipp: Man kann auch zuvor Kugeln aus der Masse formen.

Popcorn-Pops

Arbeitsutensilien und Zutaten

- Formbare weiche Crunchie – Popcorn - Masse
- Dünne kurze Holzzweige, in ihrer Größe angepasst an die Vögel
- kleines Glas, z.B. niedriges Marmeladenglas
- Schale mit kaltem Wasser
- Leckereien zum Dekorieren, z.B. Himbeeren, Mandarinen oder Kräuterzweigchen

Foto: Jennifer Gekeler

Anleitung

1. Wir legen einen dünnen, kurzen Holzzweig bereit. Damit die Körnermasse nicht an unseren Händen klebt, benetzen wir diese mit kaltem Wasser.
2. Nun wird etwas Crunchie – Popcorn - Masse entnommen und daraus eine Kugel geformt. Dabei sollte auf die Menge geachtet werden, damit wir unseren Papagei oder Sittich nicht überfüttern.
3. Den Holzzweig drücken wir jetzt in die Kugel.
4. Den daraus entstandenen „Lolly" stellt man mit dem Stiel in ein passendes Marmeladenglas und beides zusammen in den Backofen.
5. Dort trocknet der „Popcorn-Pop" für ca. 30 Minuten bei 80 ° C im geschlossenen Backofen.
6. Zum Auskühlen legt man ihn auf einen Gitterrost.
7. Um den fertigen „Lolly" zu dekorieren, schneiden wir mit Hilfe des Messers kleine Obst- oder Gemüsestückchen und streuen diese über die Kugel.

Küken Parade

Foto: Jennifer Gekeler

Tierisches Eiweiß ist auf dem Speiseplan unserer Krummschnäbel ein schmackhaftes Highlight. Da viele der Papageien, Sittiche und Co. teilweise auch deren Halter z.B. auf lebende Mehlwürmer abweisend reagieren, kann man alternativ gekochte Eier anbieten. Ein ganzes Hühnerei ist oft zu viel für einen Vogel. Kleinere Wachteleier dagegen haben die optimale Größe für diesen schmackhaften Eiweiß-Snack.

Arbeitsutensilien und Zutaten

- Edelstahlkochtopf
- Schneidebrett
- Wachtelei
- Spitzes Messer
- Dunkle kleine Körnchen, z.B. Buchweizen
- Dünne Karottenscheiben

Anleitung

1. Das Wachtelei wird in einem Edelstahltopf für ca. 3 – 4 Minuten hart gekocht und von seiner Schale befreit. **Tipp:** Das Ei lässt sich besser pellen, wenn wir es nachdem Kochen abschrecken.
2. Mit Hilfe des spitzen Messers kappen wir den Eideckel, indem wir am oberen Drittel des Eies Zacken einschnitzen.
3. Die Karottenscheiben werden nun in 4 kurze schmale Streifen zerlegt.
   Hinweis: Diese dienen als Füßchen für das Küken.
4. Für den Schnabel verwenden wir ein kleines Karottendreieck, welches wir in das Eigelb drücken.
5. Kleine schwarze Körnchen, z.B. Buchweizen, geben unserem Küken „den Durchblick". Nun ist es bereit, aus dem Ei zu schlüpfen.

Knabberbündel *Foto: Jennifer Gekeler*

Konfettiparty, das gleiche Prinzip aber drei unterschiedliche Spielzeuge

Das Knabber-Bündel

Naturäste sind perfekte Sitzgelegenheiten für Heimvögel. Außerdem nagen viele Vögel für ihr Leben gern die Rinde ab. Dünne Zweige sind dagegen meist weniger beliebt, weil sie viel zu schnell „geschreddert“ werden können. Oft knabbern die Vögel nur die feinen Blätter oder frischen Knospen ab. Damit unsere Lieblinge länger Spaß an ihnen haben, fassen wir sie zu einem Bündel zusammen und peppen es zusätzlich mit Futter und „Schredder-Konfetti“auf. Ein Spielzeug, welches schnell und kostengünstig hergestellt werden kann, und das garantiert eine bunte Abwechslung im Alltag unserer Vögel darstellt. Mit dem Knabber-Bündel können die Tiere sich lange beschäftigen, indem sie die eingearbeiteten Körner und das bunte Konfetti abknabbern.

Arbeitsutensilien und Zutaten

- mehrere gegabelte, dünne Zweige mit Knospen oder kleinen Blättern
- Heckenschere
- Mehlkleister
- buntes Schredder-Konfetti
- Körner bis max. Größe von Sonnenblumenkernen
- Sisalseil
- Schere
- Kettennotglied
- Gitterrost
- Backofen

Anleitung

1. Die dünnen Zweige auf Verunreinigungen, wie z.B. den Kot wildlebender Vögel kontrollieren und bei Bedarf mit einem feuchten Tuch säubern.
2. Mit Hilfe der Heckenscherewerden die Zweige in mehrere 20 bis 30 Zentimeter lange Stücke geschnitten.
3. Die Ästchen nun im Mehlkleister wenden, bis sie an allen Seiten komplett benetzt sind.
4. Nun benötigen wir einen Teil der feuchten, mit Mehlkleister benetzten Äste. Diese in buntes Schredder-Konfetti legen und leicht andrücken.Wir können diesen Schritt auch mit einer feinen Körnermischung wiederholen.
5. Damit das Konfetti/ die Körner besser an den Zweigen haften bleiben, müssen wir die Ästchen zum Trocknen auf einen Gitterrost legen. Der Trocknungsvorgang lässt sich beschleunigen, indem wir sie für ca. 10 Min. in den 100°C heißen Backofen geben.
6. Es liegen nun mehrere dünne Zweige mit Konfetti und Körnern vor uns. Es empfiehlt sich, sie zu einem Bündel zusammenzubinden.
7. Das Bündelende mit dem Sisalseil verschnüren, bis sich die Zweige nicht mehr lösen können.
8. Im 8. Schritt ein Seil mit einer kleinen Öse anbringen.
9. Nun das Kettennotglied auffädeln – und schon kann das fertige Spielzeug aufgehängt werden.

Fliegender Teppich

Arbeitsutensilien und Zutaten

- Mehrere gerade dünne Zweige ohne Knospen und Blätter
- Heckenschere

- Mehlkleister
- Feuchte Pappschnur (Seite 32)
- buntes Schreddder-Konfetti
- Körner bis max. Größe von Sonnenblumenkernen

Anleitung

1. Damit wir einen schönen Teppich erhalten, sollten die Zweige mit Hilfe der Heckenschere in gleichlange Stücke (ca. 20 cm) geschnitten werden.
2. Die Pappschnur wird um die Zweige eingeflochten.

Foto: Jennifer Gekeler

3. Die Enden der Zweige werden jetzt einfachheitshalber mit Hilfe unseres Zeigefingers mit Mehlkleister bestrichen.
4. Auf den Kleber streuen wir „Schredder-Konfetti" und ein paar Körnchen.
5. Den fertigen Teppich geben wir für ca. 20 Minuten bei 100 °C in den geschlossenen Backofen.
6. Um fertig auszutrocknen, legt man ihn anschließend für 24 Stunden auf einen Gitterrost.
7. Damit das Spielzeug wie eine Art fliegender Teppich in der Voliere schaukeln kann, müssen wir nun in der Mitte des Spielzeuges ein Seil befestigen. Anschließend können wir die neue Beschäftigungsmöglichkeit aufhängen.

Zapfenspaß

Arbeitsutensilien und Zutaten

- Zapfen, z.B. Pinien- oder Kiefernzapfen
- Müslischalen
- Gitterrost
- Mehlkleister, cremige Konsistenz
- Schredder-Konfetti
- Körner bis maximal Größe von Sonnenblumenkernen

Anleitung

1. Den Mehlkleister, das „Schredder-Konfetti" und die Leckereien füllen wir getrennt voneinander in je eine Müslischale.
2. Wir nehmen nun einen der Zapfen und legen diesen in den Mehlkleister, anschließend wenden wir ihn solange, bis er komplett mit Kleber benetzt ist.
3. Jetzt wird der Zapfen entweder in die Schale mit Konfetti oder in die mit Leckereien gelegt. Durch den Mehlkleister haftet beides bestens an den Zapfen.
4. Die fertigen Teile geben wir für ca. 20 Minuten bei 100 °C in den geschlossenen Backofen.
5. Um fertig auszutrocknen, legt man sie anschließend für 24 Stunden auf einen Gitterrost.

   Tipp: Die fertigen Zapfen, verstecken wir am besten in der Voliere oder hängen sie mit einer Pappschnur in der Voliere auf.

Weitere Spielzeugideen

Zebrafinken-Häuschen

Foto: Jennifer Gekeler

Gemeinschaftsvolieren bieten unseren Vögeln viel Abwechslung und zahlreiche Vorteile. Oft findet man in ihnen jedoch keine Spielsachen für die lustigen frechen „Spitzschnäbel" – wie zum Beispiel die Zebrafinken. Dabei ist es so einfach, auch für diese charmanten Vögel etwas zu basteln. Meine Zebrafinken haben eine Vorliebe für frisch gehäutete Mehlwürmer, die man gut in Ecken oder Korkstücken verstecken kann. Außerdem lieben Zebrafinken kleine Häuschen. Generell sind Rückzugsmöglichkeiten in einer Gemeinschaftsvoliere mit größeren Arten ein Muss. Deshalb basteln wir einen Mix aus Häuschen und Futterversteck. Wir benötigen dafür unbedingt Bio-Kokosnüsse, die genügend Kokoswasser enthalten müssen. Überprüfen kann man das ganz leicht durch Schütteln. Ist zu wenig oder kein Kokoswasser vorhanden, „schwappt" beim Schütteln nichts. Es besteht die Gefahr, dass die Kokosnuss innen bereits verdorben ist. Die Kokosnüsse sollten als Vorbereitung fürs Basteln in der Mitte mit einem Messerrücken aufgeschlagen werden. Aber Achtung, Verletzungsgefahr! Das Fruchtfleisch muss nun herausgelöst werden. Wer möchte, kann einen kleinen Teil raspeln und ganz frisch an die Vögel verfüttern.

Arbeitsutensilien und Zutaten

- Akkubohrschrauber
- Holzbohrer, verschiedene Durchmesser, je nach Wunsch
- Messer
- Kettennotglied
- Seile ca. 2 m, Baumwolle oder Sisal
- bunte Holzwürfel
- kleine Korkstücke
- Mehlwürmer oder andere Leckerli
- frische Kräuter, im Sommer z.B. Breitwegerich
- zwei ganze Bio-Kokosnüsse, nicht zu klein
- Schere

Anleitung

1. Für den ersten Schritt benötigen wir die vier leere Kokosnusshälften. Mit dem Akkubohrschrauber wird in zwei der Hälften direkt in die Mitte ein Loch gebohrt, bei den verbliebenen zwei Hälften in den Rand.

2. In die kleinen Korkstücke werden ebenfalls Löcher gebohrt, um Platz beziehungsweise Versteckmöglichkeiten für Leckerbissen wie Kolbenhirse und Mehlwürmer zu schaffen.
3. Um die Kokosnusshälften befestigen zu können, benötigen wir nun das Baumwollseil. Das erste Ende des Seiles wird in eine Kokosnusshälfte (Loch im Rand) gefädelt, verknotet und der Knoten wird bis an das Loch gezogen. Dieses wird mit der anderen Kokosnusshälfte und dem anderen Endes des Seiles wiederholt. Nun ragt rechts und links jeweils ein Seil aus den Kokosnüssen. Die Seile werden jetzt etwas zusammengedreht, wodurch ein dickeres Seil entsteht.
4. Im nächsten Schritt benötigen wir eine der beiden Kokosnusshälften mit dem Loch in der Mitte. Diese Hälfte wird auf das dickere Seil aufgefädelt und unter Spannung mit einem Knoten fixiert. Nun müssten wir vor uns drei Kokosnusshälften liegen haben, eine Hälfte schaut nach vorn und zwei nach oben.
5. In einem Abstand von circa 10 cm wird wieder ein Knoten in das Seil gemacht. Das ist besonders wichtig, denn dieser Knoten verhindert, dass die Höhle zusammenklappen und ein Sicherheitsrisiko darstellen könnte.
6. Die letzte Kokosnusshälfte wird jetzt auf den Knoten gefädelt.
7. Nun wird die Kokosnusshöhle mit kleinen Korkstücken und bunten Holzwürfeln fixiert und gegebenenfalls verknotet. Im Anschluss wird noch ein kleines Kettennotglied als Aufhängung angebracht.
8. Um später Kolbenhirse oder sonstige Leckereien verstecken zu können, müssen nun mit Hilfe des Akkubohrschraubers kleine Löcher in die Kokosnusshälften gebohrt werden.
9. Lange Seilenden werden mit einer Schere abgeschnitten, um mögliche Verletzungen zu vermeiden.
10. Zum Schluss wird das Spielzeug mit Leckereien bestückt. Möchte man kleine Mehlwürmer verstecken, benötigt man Korkstücke mit entsprechend kleinen Löchern, in die man die Mehlwürmer kriechen lässt. Nun ist das Häuschen fertig und kann in die Voliere gehängt werden. Sicherheitshalber befestigt man es nicht am Lieblingsplatz der größeren Arten, sondern an einer für die größeren Vögel schwer zugänglichen Stelle. Auf diese Weise bekommen die quirligen kleinen Finken automatisch Rückzugsmöglichkeiten und können viel Zeit mit ihrem neuen Futterhäuschen verbringen.

Schredder Türme

Papageien wollen Spielzeug zerstören dürfen. Dafür sind Schredder-Türme, hergestellt aus verschiedenen Bastelteilen, bestens geeignet. Es können hierfür bunte Holzwürfel, Luffa Scheiben, Schredder-Ringe, Kork u.a. verwendet werden.

Hinweis: Es ist wichtig, unseren Vögeln Abwechslung zu bieten und ihnen nicht jeden Tag die gleiche Art von Beschäftigung anzubieten.

Arbeitsutensilien und Zutaten

- Akkubohrschrauber
- Schere
- Zange

- Korkstücke
- Kette, aus Edelstahl, angepasst an die Größe des Vogels
- Kettennotglied, aus Edelstahl
- Bunte Holzwürfel

Anleitung

1. Mit Hilfe der Zange, wird an einem Ende der Edelstahlkette, deren letztes Kettenglied verbogen, so dass dieses eine runde Form erhält.
2. Auf die Kette fädeln wir nun einen bunten Holzwürfel. **Hinweis**: Das Holzteil dient als „Stopper", damit die Korkstücke nicht durchrutschen können.
3. Mit Hilfe des Akkubohrschraubers, werden Löcher in die Korkstücke gebohrt. Hinweis: Die Bohrungen müssen etwas größer, als der Kettendurchmesser sein.
4. Jetzt können wir die Korkstücke und abschließend wieder einen Holzwürfel auffädeln.
5. An diesem Ende der Kette wird nun ebenfalls das letzte Kettenglied zu einer Rundung verbogen.
6. Darin wird das Kettennotglied für die Aufhängung angebracht.

Foto: Jennifer Gekeler

Gelbbrustara Sam liebt es, seine Schredder-Röhre zu zerstören. *Foto. Jennifer Gekeler*

Wir können solche Türme auch mit anderen Spielzeugen kombinieren, z.B. mit den sogenannten „Schredder-Röhren". Diese werden durch einen komplizierten Prozess hergestellt, der für Privatpersonen schwierig umzusetzen ist. Es gibt jedoch auserwählte Onlineshops, die „Röhren" als fertiges Spielzeug oder als Bastelteil verkaufen.

Gelbbrustara Coco beim Spielen mit ihrer Nuss-Palme Foto: Manuela Rein

Papier-Igel

Foto: Jennifer Gekeler

Der Papier-Igel ist ein tolles beliebtes Fußspielzeug, vor allem bei größeren Arten wie den Hyazinth Aras.

Arbeitsutensilien und Zutaten

- Backofen
- Gitterrost
- Schere
- Ein Büschel Schredderpapier naturfarben oder bunt, in Streifen, Länge ca. 25 Zentimeter
- Mehlkleister
- Feuchte Pappschnur (Seite 32)

1. Für den Papp-Igel benötigen wir dasSchredderpapier- Büschel und achten darauf, dass alle Streifen in eine Richtung zeigen.
2. Mit der feuchten Pappschnur werden die Stacheln aus Schredderpapier in der Mitte abgebunden.
3. Um den Igelkörper herzustellen, wird auf eine Hälfte des Schredder Papiers etwas Mehlkleister geträufelt und anschließend ein Igel-Körper geformt.
4. Jetzt muss das Fußspielzeug auf einem Gitterrost bei 100 ° C im geschlossenen Backofen für ca. 20 Minuten vortrocken.
5. Anschließend lassen wir es bei Zimmertemperatur für einen Tag vollständig trocknen.
6. Sind die Stacheln noch etwas zu lang, wird der Igel mit einer Schere „frisiert“.

Nuss-Palme

In dieser Bastelanleitung fertigen wir uns eine Schredder Palme an. An dieser können hervorragend kleine Nüsschen befestigt werden.

Arbeitsutensilien und Zutaten

- Backofen
- Gitterrost
- Schere
- Mehlkleister, cremige Konsistenz
- Schredderpapier, grün und naturfarben
- Nuss an Schnur (Seite 39)

Anleitung

1. Für den Palmenstamm wird das naturfarbene Schredderpapier mit Mehlkleister beträufelt.
   Hinweis: Ist der Kleber cremig in seiner Konsistenz, bekommen wir automatisch eine natürlich wirkende Struktur für den Stamm.
2. Aus demfeuchten Papier formen wir denStamm für die Palme. Es ist wichtig, dass dieser am oberen Ende hohl ist.
   Tipp: Palmen in der Natur, sind am unteren Ende

ihres Stammes breiter. Gestalten wir unsere Palme in dieser Form, erhält das Spielzeug einen besseren Stand.

3. Grünes Schredderpapier wird zu einem kleinen Büschel gebunden und ein Ende großzügig mit Mehlkleister bestrichen.
4. Das Büschel stecken wir anschließend in das obere Loch des Palmstammes und drücken das grüne Papier fest an.
5. Nun muss nur noch die Schnur mit Nuss an der Palme befestigt werden. Dazu tauchen wir die Enden der trockenen Pappschnur in Mehlkleister und stecken diese in die obere Höhle des Baumstammes.
6. Es kann vorkommen, dass die Höhle des Stammes, trotz grünem Büschel und Pappschnur noch nicht vollständig verschlossen ist. In diesem Fall benetzt man etwas Schredderpapier mit Mehlkleister und verschließt die Röhre damit.
7. Die Palme lassen wir nun, bei 100°C im geschlossenen Backofen für ca. 20 Minuten vortrocknen.
8. Anschließend kann die Nuss-Palme bei Zimmertemperatur vollständig austrocknen.

Der Schlaufen Turm

Arbeitsutensilien und Zutaten

- Gitterrost
- Schere
- Messer
- Kettennotglied
- Sisalseil, angepasst an die Größe des Vogels
- Pappleder, feucht (Seite 39), mindestens 6 Lagen
- Bunte Schlaufen, getrocknet (Seite 25)
- Schredderpapier

Fotos dieser Doppelseite: Jennifer Gekeler

Anleitung

1. Für den Turm schneiden wir mit Hilfe einer Schere das feuchte Pappleder in ein Rechteck mit den Maßen von 40 x 25 cm.
2. Das Leder wird aufgerollt. Dabei sollte darauf geachtet werden, dass in der Mitte der Papierrolle genügend Platz für die bunten Schlaufen vorhanden ist.
3. Den Turm lassen wir nun aufrecht für ca. 15 Minuten bei 100°C im geschlossenen Backofen auf einem Gitterrost vortrocknen.
4. Anschließend muss er bei Zimmertemperatur für einen Tag vollständig austrocknen.
5. Nachdem Trocknen schneiden wir mit Hilfe der Schere kleine Schnitte in die Haut des Turmes.
6. In diese Löcher werden jetzt die Papier- Schlaufen eingesteckt.
   Tipp: Um diese leichter einbringen zu können, empfiehlt es sich, die Schlaufen an einem Ende etwas

zusammen zu drücken.

7. Wir nehmen das Sisalseil und stellen eine Öse her, indem wir das Schnurende doppelt legen und zu einer Schlaufe verknoten.
8. Um dieses an der Röhre befestigen zu können, „bohren“ wir mit Hilfe der Schere zwei Löcher in den Turm.
9. Die beiden Seilenden führen wir nun durch diese beiden Löcher und verknoten sie fest an der Turmwand.
10. Jetzt muss nur noch das Kettennotglied an der Öse angebracht werden.

    Tipp: Wer möchte kann den Keller und das Dach des Turmes zusätzlich mit Schredderpapier füllen. So können unsere Papageien nicht nur den Turm „abreißen“, sondern auch zusätzlich an den feinen Papierstreifen knabbern.

Wühlkiste

In der freien Wildbahn sieht man immer wieder verschieden Papageien oder Sittiche, die auf dem Boden nach Gräsern oder anderen Leckereien suchen. Ein Verhalten, welches wir in der Heimvogelhaltung auch beobachten können. Damit wir in der Wohnung nicht überall kleine Körnchen zerstreuen müssen, gibt es die wunderbare Möglichkeit einer Wühlkiste. Für solche Spielzeuge können wir kleine unbehandelte Holzkisten, Teller, Schüsseln oder Pappkartons verwenden. Diese Behälter können wir mit Buchenholzgranulat, Schredder-Konfetti, Süßhölzern, wenigen Leckereien und sogar mit anderem Spielzeug füllen. Ihr habt richtig gelesen, auch kleine Papierbällchen, Hanteln oder sonstige „Fußspielzeuge“ sind in einer Wühlkiste eine tolle Überraschung für unsere Lieblinge.

Tipp: Es können auch größere Bäckertüten aus Papier als Versteckmöglichkeit für Leckereien und Spielzeuge verwendet werden. Meine Vögel lieben das raschelnde Geräusch, das erzeugt wird, wenn sie in der Tüte „tapsen“. Die darin liegenden Körnchen sind da nicht ganz so interessant. Der Tisch ist der beste Platz für die Bäckertüte, man sieht schön zum Vogel, kann ihn bestens beobachten, und er ist geschützt vor Stürzen oder sonstigen Sicherheitsrisiken.

Knabberwand

Knabberwände sind bei unseren Papageien und Sittichen sehr beliebt. Wir können kleine Holzstücke, Crunchie Pattys, Papierbecher, Balsaholzplatten oder sonstige Teile daran befestigen. Als Basis der Knabberwand verwenden wir ein Holzbrett, alternativ eine längliche Korkrinde oder Pappleder. Dabei muss man beachten, dass das Pappleder zuvor vollständig getrocknet wurde.

Foto: Jennifer Gekeler

Arbeitsutensilien und Zutaten

- Holzplatte, 20 x 20 cm
- Akkubohrschrauber
- Holzbohrer, Durchmesser angepasst an die Größe des Seiles.
- Seil, angepasst an die Größe des Papageis oder Sittichs
- Kette
- Zange
- Aufhängung, Kettennotglied Edelstahl
- Bastelteile je nach Wunsch
- Schere

Anleitung

1. Mit Hilfe des Akkuschraubers bohren wir je nach Anzahl der verwendeten Bastelteile Löcher in das Holz. **Hinweis:** Dabei muss beachtet werden, dass der Abstand zwischen diesen Löchernnicht zu klein ist, denn die Crunchie Pattys, Papierbecher, Balsaholzplatten, ... sollten mit ihrer ganzen Fläche auf dem Basisbrett aufliegen und sich nicht überlappen.
2. Anschließend müssen in die Löcher je ein Seil eingefädelt und auf der Brettrückseite fest verknotet werden.
3. Das jeweils andere Seilende wird in ein Bastelteil gestecktund festgeknotet. **Hinweis:** Es ist sehr wichtig, dass die Teile fest auf der Holzbasis aufliegen, damit sich der Papagei oder Sittich nicht im Seil verheddern kann. **Tipp:** Sowohl die Vorder- als auch die Rückseite des Basisbrettes können auf diese Weise bestückt werden.
4. An ein Ende der Holzplatte bohren wir ein weiteres Loch für die Aufhängung. Der Abstand zum Randsollte dabei mindestens 3 cm betragen.
5. Durch dieses wird nun eine Kette aus Edelstahl gezogen, deren Ende wir mit Hilfe der Zange, so verbiegen, dass die Kette nicht mehr durch das Loch rutschen kann. Nun müssen wir nur noch ein Kettennotglied für die Aufhängung anbringen.

Wir haben nun mehrere Möglichkeiten, unseren Papageien, Sittichen und Co. die Knabberwand anzubieten.

Variante 1
Sie ist für die Vögel die einfachste, um sie zu zerschreddern. Die Wand wird hierbei schlicht auf einen Tisch oder den Volieren Boden gelegt.

Variante 2
Hierbei wird die Knabberplatte an die Wand der Voliere gehängt. Das macht es dem Vogel schwerer, denn das Spielzeug wackelt, und er muss es gegen die Volierenwand drücken, um sich mit den Bastelteilen beschäftigen zu können.

Variante 3
Hängen wir das Knabberbrett mitten in die Voliere, wird es für die „Krummschnäbel" am schwierigsten. Sie müssen ihr „Köpfchen" einschalten, denn wenn die Spielwand mit dem Schnabel berührt wird, weicht diese aus. Es bedarf der richtigen Technik, dieses Problem zu meistern. Der Papagei oder Sittich muss erkennen, dass er das Spielzeug mit einem seiner Füßchen greifen und festhalten muss.

Variante 4
Kleine Ziervögel wie z.B. Zebrafinken oder Kanarienvögel zeigen wenig Interesse an Crunchie-Pattys oder Balsahöl-

zern. Für sie sind sogenannte „Snackwände", die mit Gräsern oder Kolbenhirse gefüllt werden, besser geeignet.

Für eine solche Snackwand benötigen wir:

Arbeitsutensilien und Zutaten
- Holzplatte länglich
- Akkubohrschrauber
- Holzbohrer, unterschiedliche Durchmesser
- Forstner- oder Lochbohrer
- Ösenschraube aus Edelstahl
- Kettennotglied aus Edelstahl
- Kette aus Edelstahl
- Frische Äste
- Frisches Obst und Gemüse
- Frische Blüten
- Frische Gräser

Anleitung
1. Die Ösenschraube wird am oberen Ende des Holzes mittig eingedreht. An ihr befestigen wir das Kettennotglied für die Aufhängung.
2. Mit Hilfe des Akkuschraubers werden mehrere, verschieden dicke Löcher in die Holzplatte gebohrt.
   Tipp: Für extra große Löcher verwendet man einen Forstner- oder Lochbohrer.
3. In diese Löcher stecken wir frische Äste, z.B. Bambuszweige, auf denen sich die lustigen „Spitzschnäbel" festhalten können.
   Tipp: Für Gräser, Blüten oder Kolbenhirse empfiehlt es sich, deren Stiele in extra dünne Löcher zu stecken.
4. Steckt man auf die Äste der Snackwand Obst- oder Gemüsestücke, ist diese auch bestens z.B. für Gebirgsloris, geeignet.

Klapperschlange

Die Klapperschlange dient als tolles Fußspielzeug für größere Krummschnäbel, aber auch als Schredderspielzeug ist es bestens geeignet. Für diese Beschäftigung benötigen wir kurze unbehandelte Bambusröhrchen. Da die Holzstücke aneinander reiben gibt es ein klapperndes Geräusch, das an eine Klapperschlange erinnert.

Arbeitsutensilien und Zutaten
- Gitterrost
- Akkuschrauber
- Holzbohrer, Durchmesser
- Kleine Bambusrohre, ca. 5 Stück, mit einer Länge von jeweils 2- 3 cm
- Schleifpapier
- Seil, geflochtenes Baumwollseil
- Schredderpapier, rot
- Schredder Konfetti
- Kleiner Holzwürfel
- Mehlkleister

Anleitung
1. Im ersten Schritt bohren wir mit Hilfe des Akkuschraubers Löcher in die Bambusrohre und in den kleinen Holzwürfel.
   Hinweis: Die Bohrungen müssen genau so groß sein wie der Seildurchmesser.

2. Scharfe Kanten können wir mit einem Schleifpapier glätten.
3. An einem Ende des Seiles wird ein fester Knoten gebunden und anschließend ein Holzwürfel aufgefädelt.

   Hinweis: Das Holzteil dient als „Stopper", damit die kleinen Röhrchen nicht durchrutschen können.
4. Jetzt fädeln wir die Bambusteile auf die geflochtene Baumwollschnur und verknoten das andere Ende erneut. Hier benötigen wir jedoch keinen zweiten Holzstopper, da dieser Teil der Schnur die Zunge des Reptils darstellen soll.
5. Für eine rötliche Zunge beträufeln wir etwas Schredderpapier mit Mehlkleister. Es wird nun weich und klebrig, und wir können es um die Baumwollzunge wickeln.
6. Damit die Schlange bunte Schuppen erhält, können wir die Röhrchen dünn mit Mehlkleister bestreichen und Schredder-Konfetti darüber streuen.
7. Anschließend muss das Fußspielzeug für 24 Stunden bei Zimmertemperatur austrocknen. Erst dann können wir es unseren Lieblingen zum Spielen anbieten.

Tipp: Wenn wir anstatt der Bambusröhrchen Holzstückchen mit Rinde verwenden, können wir in diese kleine Rillen als Schuppenersatz schnitzen.

Foto: Jennifer Gekeler

Schaukeln, Leitern und Seile

Foto: Mario Bichler

Schaukeln, Leitern oder wackelige Seile sind sehr wichtig für die Gesunderhaltung unserer Lieblinge. Sie trainieren durch ihre beweglichen Elemente das Gleichgewicht der Vögel. Nehmen wir die Natur als Vorbild: In dieser gibt es Baumwipfel und Äste mit unterschiedlichen Formen und Oberflächen, die sich mehr oder weniger bewegen. Wir sollten deshalb nicht nur fest verankerte Zweige in die Volieren unserer Papageien, Sittiche und Co einbauen. Eine Mischung aus wackelnden und starren Sitzmöglichkeiten ist perfekt. Es gibt viele Möglichkeiten, bewegliche Elemente für unsere Lieblinge herzustellen. Schaukeln für den alltäglichen Gebrauch sind nur bedingt zu empfehlen, wenn sie aus einem gleichmäßig dicken Rundstab mit glatter Oberfläche hergestellt sind. Dies führt häufig zu Ballenproblemen bei unseren exotischen Lieblingen. Kletter- und Spielmöglichkeiten aus Naturästen sind deshalb die erste Wahl für die Volierengestaltung.

Foto: Mario Bichler

Hinweis: Es ist wichtig, Schaukeln, Leitern und Seile regelmäßig, am besten täglich, auf ihren einwandfreien Zustand hin zu überprüfen. Dünne, ausgefranste Schnüre, Schrauben oder Nägel, die aus dem Spielzeug ragen, sind ein großes Sicherheitsrisiko. Dies gilt auch für gekaufte Produkte.

Schaukeln

Einfache Astschaukel

Arbeitsutensilien

- Ast, Länge nach Belieben
- zwei geflochtene Baumwollseile oder zwei Ketten aus Edelstahl
- jeweils ca. 50 cm lang, Durchmesser angepasst an die Größe des Vogels
- Akkubohrschrauber
- Holzbohrer, Durchmesser, etwas größer als die Seile oder die Ketten
- bunte Holzwürfel
- Zange
- zwei Befestigungshaken

Anleitung

1. Zuerst kontrollieren wir den Ast auf mögliche Verunreinigungen und säubern diesen bei Bedarf gründlich mit heißem Wasser.
2. Mit Hilfe des Akkubohrschraubers wird an deren beiden Enden jeweils ein Loch gebohrt.
3. Wir nehmen das Seil und stellen eine Öse her, indem wir das Schnurende doppelt legen und zu einer Schlaufe verknoten.

4. Je nach Belieben können bunte Holzwürfel aufgefädelt werden.
5. Die beiden Seilenden führen wir nun durch die zwei-Löcher des Astes und verknoten sie fest an deren Unterseite.
6. Jetzt muss nur noch das Kettennotglied an der Öse angebracht werden.

Dreiecks- oder Viereckssschaukel

Foto: Jennifer Gekeler

Die Dreiecks- oder Viereckssschaukel ist ähnlich aufgebaut wie die einfache Astschaukel. Folgender Hinweis sollte dabei beachtet werden: Diese Schaukel schwingt in alle Richtungen, was den Papageien und Sittichen besonders gut gefällt. Durch ihre drei bzw. vier Ecken, werden auch drei/vier gleich lange Seile oder Edelstahlketten benötigt. Dies bedeutet, dass sie sehr groß sein sollte, um den Vögeln genügend Platz zu bieten.

Weinrebenschaukel

Schaukeln aus Weinrebenholz sind ein toller Blickfang. Da das Holz sandgestrahlt verkauft wird, ist es sehr gut zu reinigen. Im Handel findet man solches in der Reptilienabteilung oft als Dekoholz für Terrarien. Sie können vielfältig eingesetzt werden.

Korkschaukel

Wir können für diese Variante sowohl Korkröhren als auch Äste mit der weichen Rinde benutzen. Die Anleitung für die Korkschaukel kann man den Anweisungen für die einfache Astschaukel, s. Seite 87, entnehmen. Bei dieser Art der Schaukel sollte unbedingt darauf geachtet werden, dass keine Ösen- Schrauben verwendet bzw. in die weiche Rinde gebohrt werden. Die Schrauben sind oft zu lang, und die spitzigen Enden ragen auf der gegenüberliegenden Seite wieder heraus, was eine Verletzungsgefahr für unsere Vögel darstellt.

Bambusschaukel

Da Bambus eine sehr glatte Oberfläche hat und gleichzeitig eine runde Form besitzt, sind solche Rohre im unbearbeiteten Zustand für Schaukeln oder Leitern weniger geeignet. Die Gefahr, dass der Papagei oder der Sittich beim Spielen abrutscht und sich den Fuß verstaucht, ist sehr hoch. Um den Bambus so zu präparieren, dass er unseren Vögeln einen stabilen Halt bietet, benötigen wir

eine kleine Handsäge. Mit dieser werden kleine Einkerbungen in das Rohr gesägt und im Anschluss mit einem Schleifpapier abgeschliffen.
Hinweis: In Rohre mit einem dicken Durchmesser können auch Löcher gebohrt werden, um dort kleine Leckereien für den Vogel zu verstecken.

Palmblattschaukel

Diese Schaukeln werden hergestellt aus den verholzten Blättern einer Palme. Diese umschließen die Blütenstände und platzen beim Erblühen ab. Sie sind in ihrer Anschaffung preislich hoch, aber unsere Papageien, Sittiche und Co lieben sie.

Hinweis: Palmblätter aus Deko-Läden sind oft mit Lacken und Farben behandelt, solche dürfen als Schaukel nicht verwendet werden! Alternativen finden wir in Shops für Papageienzubehör.

Foto: Gaby Schulemann-Maier

Pappschaukel

Schaukeln müssen nicht immer aus Holz, Kork oder Bambus bestehen, auch Verpackungspapier ist dafür geeignet.

Hängeleiter, Strickleitern und normale Holzleitern

Es gibt verschiedene Varianten von Hänge- bzw. normale Leitern. Beispiele:

Hängeleiter

Arbeitsutensilien

- Ast, Länge je nach Belieben,
- zwei geflochtene Baumwollseile ca. 100 cm lang, Durchmesser angepasst an die Größe des Vogels
- ein geflochtenes Seil, ca. 50 cm lang
- Akkubohrschrauber
- Holzbohrer, Durchmesser wie das Seil
- Zwei Ösenschrauben, aus Edelstahl
- zwei Kettennotglieder, aus Edelstahl

Junge Nymphensittiche machen es sich auf einer Hängeleiter mit Kokosnüssen gemütlich. *Foto: Jennifer Gekeler*

1. Zuerst kontrollieren wir die Äste auf mögliche Verunreinigungen und säubern diese bei Bedarf gründlich mit heißem Wasser.
2. Mit Hilfe des Akkubohrschraubers wird an beiden Enden der Äste, jeweils ein Loch gebohrt.
3. Die beiden Seilenden führen wir nun durch die zwei Löcher des ersten Astes und verknoten sie fest an deren Ober- und Unterseite.
4. Nach ca. 10 cm wird erneut einer der Äste auf das Seil gefädelt und an dessen Unterseite verknotet. **Hinweis:** Diesen Schritt wiederholen wir so lange, bis das Seil aufgebraucht oder die Wunschlänge der Hängeleiter erreicht ist.
   Tipp: Je nach Belieben, können zwischen die Äste bunte Holzwürfel aufgefädelt werden.
5. Für die Aufhängung wird mit Hilfe des Akkubohrschraubers ein Loch in das andere Ende der Holzstücke gebohrt.
6. Die Ösenschraube kann nun von Hand eingedreht werden.
7. Nun können wir ein Kettennotglied an den Ösen anbringen.

Eine normale Holzleiter, welche in jedem Zoofachhandel angeboten wird. *Foto: Jennifer Gekeler*

Seile

Auch Seile bieten unseren Papageien, Sittichen und Co eine tolle, wackelige Sitz- und Spielmöglichkeit. Wir haben mehrere Möglichkeiten diese zu befestigen. Dünnere Seile lassen sich an der Voliere einfach verknoten. Dickere hingegen können wir auf diese Art und Weise nicht aufhängen. Im Fachhandel gibt es hierfür sogenannte „Seilendkappen" mit Ösen aus Edelstahl. In diese Vorrichtung können passenden Stricke ab einem „Tau-Durchmesser" von ca. 1,5 cm „kinderleicht" eingebracht werden. Jedoch sind sie sehr teuer. Alternativ dazu können wir Endkappen aus Holz kostengünstig selber herstellen.

Seil mit Endkappe aus Holz

Foto: Jennifer Gekeler

Arbeitsanleitungen

- Zwei Holzäste ca. 8 cm lang Breite angepasst an den Durchmesser des Seiles
- Dickes Seil, z.B. Sisal, Baumwolle oder Hanf, angepasst an die Größe des Vogels
- Gitterrost
- Edelstahltopf
- Schneebesen
- Akkubohrschrauber
- Holzbohrer, Durchmesser, wie die Ösen-Schraube
- Mehl
- Wasser
- Einmalspritze 5 – 10 ml
- Ösen-Schraube aus Edelstahl
- Kettennotglied aus Edelstahl

Dicker, zäher Mehlkleister

1. Wir geben einen Teil Weizenmehl und drei Teile Wasser in einen Topf.
2. Dieses Wasser-Mehl-Gemisch rühren wir so lange, bis sich alle Klümpchen aufgelöst haben und eine milchähnliche Konsistenz entstanden ist.
3. Wir den Topf auf die Herdplatte und lassen die Flüssigkeit unter ständigem Rühren aufkochen.
4. Schon nach wenigen Minuten wird daraus ein dicker, zäher Klebstoff.

   Hinweis: Wichtig ist es, den Kleister nach dem Kochen etwas abkühlen zu lassen, um sich die Finger nicht an ihm zu verbrennen.

Seil mit Endkappe

1. Zuerst kontrollieren wir die zwei Äste auf mögliche Verunreinigungen und säubern diese bei Bedarf gründlich mit heißem Wasser.
2. Mit Hilfe des Akkubohrschraubers wird an einem Ende bis zur Mitte des Holzstückes ein Loch gebohrt.
3. Nun füllen wir die Einmalspritze mit dem dicken, zähen Mehlkleister und spritzen diesen großzügig in das Loch.
4. Die beiden Enden der Seile drücken wir jetzt fest in die mit Mehlkleister gefüllten Bohrungen der Holzstücke.
5. Für die Aufhängung wird mit Hilfe des Akkubohrschraubers ein Loch in das andere Ende der Holzstücke gebohrt.
6. Die Ösenschraube kann nun von Hand eingedreht werden.
7. Nun können wir ein Kettennotglied an den Ösen anbringen.
8. Um die Seil-Schaukel schneller aufhängen zu können, lässt sich diese, wenn genug Platz im Backofen vorhanden ist, bei 80 °C für ca. 30 Minuten trocknen.

Spielzeuge für Papageien und Sittiche mit Handicap

Es gibt viele Papageien und Sittiche, die aufgrund von Krankheiten, angeborenen Defiziten, Fehlstellungen, Verletzungen, oder auf Grund des Alters eine Behinderung haben. Man könnte meinen, dass solche Vögel unter ihrem Handicap leiden. Das ist jedoch häufig nicht der Fall. Sie gewöhnen sich oft schnell an ein Defizit, wenn dieses nicht mit Schmerzen verbunden ist. Sie können dann sehr wohl ein lebenswertes und glückliches Leben führen. Je nach der Art Behinderung muss man jedoch die Haltungsbedingungen anpassen. Auch ist nicht jedes Spielzeug für jeden Vogel mit Handicap geeignet. Hat er z.B. Lähmungserscheinungen und ist womöglich flugunfähig, kann er den Sturz aus großer Höhe nicht mehr abfangen und fällt ungebremst auf den Boden. Brüche oder innere Verletzungen, im schlimmsten Fall der Tod, können dabei die Folge sein. Wenn man sich für die Haltung eines Papageis oder Sittichs mit Handicap entscheidet, muss man außerdem bedenken, dass der Betreuungsaufwand größer ist als bei einem gesunden Tier. Mit einigen Vorkehrungen kann man dennoch sehr viel Spaß mit diesen Vögeln haben.

Volierengestaltung

Es ist wichtig, dass für Vögel mit Handicap die Einrichtung des Käfigs- bzw. der Voliere an dessen Behinderung angepasst wird. Leider werden für solche Tiere im Handel wenig spezielle Hilfen und Spielzeuge angeboten, doch lässt sich vieles von eigener Hand herstellen. Dabei sollten Veränderungen der Umgebung behutsam, Schritt für Schritt vorgenommen werden. Für einen Vogel z.B. mit Sehbehinderung kann es schlimme Folgen haben, wenn er seine Äste oder „Korkbalkone" nicht mehr am gewohnten Ort vorfindet. Auch der Bambus stellt für einen Vogel mit Handicap eine große Gefahr dar. Fällt er zwischen die Stäbe der Pflanze, ist es für ihn oft schwer, sich ohne Hilfe zu befreien.

Foto: Gaby Schulemann-Maier

Leitern beinhalten das Risiko, dass der Papagei oder Sittich durch deren Zwischenstreben rutscht und sich verletzt. Stattdessen können wir eine Rampe basteln. Dazu benötigt man ein Holzbrett, um das ein Seil gewickelt wird, welches als Trittstufen dient. Es ist zu beachten, dass das Seil sehr fest an das Brett geschnürt werden muss. Um das Verletzungsrisiko bei Stürzen aus großer Höhe zu senken, empfiehlt es sich, den Boden mit einem weichen Material auszupolstern. Dafür kann man eine ausrangierte, schimmelfreie Matratze benutzen, die man mit einem Spannbetttuch bezieht.

Weil vor allem flugunfähige Papageien und Sittiche oft am Gitter hochklettern, sollten Außenvolieren außerdem durch einen weiteren Schutz vor Mardern, Katzen oder Greifvögeln gesichert werden.

Futterplätze

Die Futterplätze müssen leicht und sicher erreichbar sein! Es sollten flache Futter- und Trinkschalen verwendet werden. Auch Wühlkisten sind für Vögel mit Handicap geeignet, doch sollten sie nicht zu hoch sein.

Spielzeug

Pappkugeln, Hanteln aus Holz, Korkstücke zum Knabbern etc. können verwendet werden, ebenso viele Beschäftigungsangebote aus diesem Buch. Spielzeuge, welche ein Verletzungsrisiko aufweisen, z.B. freihängende Seile und Ketten, sollten vermieden werden. Spielzeuge speziell für Vögel mit Handicap findet ihr in den nachfolgenden Anleitungen.

Breite Korkschaukel

Hat der Vogel ein großes Handicap, empfehle ich, keinerlei Schaukeln in die Voliere zu hängen, da die Verletzungsgefahr zu groß ist. Besonders wenn das Tier schläft oder plötzlich erschrickt, kann es das Gleichgewicht verlieren,sich nicht mehr abfangen und stürzt ab. Ist die Behinderung des Papageis oder Sittichs geringfügiger, z.B. kleine Fehlstellungen der Zehen, findet man in der breiten Korkschaukel eine tolle Alternative zu den wackeligen dünnen Schaukeln aus dem Handel.

Arbeitsutensilien und Zutaten

- Breite flache Korkrinde ohne Wölbung
- Geflochtenes Seil, angepasst an die Größe des Vogels
- Akkubohrschrauber
- Holzbohrer, Durchmesser etwas größer als das Seil
- Bunte Holzwürfel
- Aufhänger, Kettennotglied aus Edelstahl

Anleitung

1. Zuerst kontrollieren wir die Korkrinde auf mögliche Verunreinigungen und säubern diese bei Bedarf gründlich mit heißem Wasser.
2. Mit Hilfe des Akkubohrschraubers wird an deren beiden Enden jeweils ein Loch gebohrt.
3. Wir nehmen das Seil und stellen eine Öse her, indem wir das Schnurende doppelt legen und zu einer Schlaufe verknoten.

Foto: Jennifer Gekeler

4. Je nach Belieben können bunte Holzwürfel aufgefädelt werden.
5. Die beiden Seilenden führen wir nun durch die zwei Löcher der Korkrinde und verknoten sie fest an deren Unterseite.
6. Jetzt muss nur noch das Kettennotglied an der Öse angebracht werden.

Korkbalkon

Der Korkbalkon bietet unseren Papageien, Sittichen und Co mit Handicap Sicherheit. Sie können sich dort bequem und, im Vergleich zu einem dünnen Ast, ohne größeren Balanceakt ausruhen.

Arbeitsutensilien und Zutaten

- Dicke, flache Korkrinde
- Akkubohrschrauber
- Holzbohrer, Durchmesser angepasst an den Gewindestab
- Kurzer Gewindestab aus Edelstahl
- Unterlegscheibe aus Edelstahl, dem Volierengitter angepasst.
- Flügelmutter aus Edelstahl

Anleitung

1. Zuerst kontrollieren wir den Kork auf mögliche Verunreinigungen und säubern diesen bei Bedarf gründlich mit heißem Wasser.
2. Mit Hilfe des Akkubohrschraubers werden je nach Größe der Rinde ein bis zwei Löcher seitlich in die Schnittfläche des Korkes gebohrt.
3. In dieses Loch/diese Löcher drücken wir nun den Gewindestab.

   Hinweis: Da die Rinde sehr weich ist, gelingt das gut ohne den Einsatz eines Hammers.
4. Den fertigen Balkon befestigen wir nun mit Hilfe der Unterlegscheibe und der Flügelmutter am Gitter der Voliere.

Verschiedene Varianten

Balkon aus Holz

Wir können auch einen Balkon aus Holz herstellen. Die Arbeitsschritte sind die gleichen wie bei den Korkbalkonen, nur verwenden wir keine Rinde sondern ein unbehandeltes Holzbrett. Dabei ist von Vorteil, dass sich die glatte Oberfläche des Brettes besser reinigen lässt.

Konfetti-Korkbalkon

Ein kleiner Korkbalkon mit den Maßen 5 x 5 Zentimeter kann als Konfetti-Knabberspaß angeboten werden. Hierfür wird die kleine flache Rinde kurz in Mehlkleister und anschließend in Schredder-Konfetti eingetaucht.

Foto: Gaby Schulemann-Maier

Hinweis: Anstatt mit buntem Papierstreusel können wir die Stückchen auch mit kleinen Sämereien, wie z.B. Hirse bestreuen. Dieses Spielzeug trocknen wir bei Zimmertemperatur für ca. 12 Stunden. Ist der Mehlkleister fest, können wir den Mini- Balkon am besten neben dem Lieblingsplatz des Vogels mit Handicap befestigen. Dieser kann nun sicher an den Konfettistückchen herumzupfen ohne großes Risiko, dabei herunter zu fallen.

Leckerschmecker-Korkbalkon

Bei dieser Variante werden in den Balkon mit Hilfe eines Akkubohrschraubers ausreichend weit entfernt vom Gewindestab Löcher gebohrt. Diese können mit fettarmen Leckereien gefüllt werden.

Hinweis: Vögel mit Handicap sind oft langsamer und träger als gesunde Papageien, Sittiche und Co. Häufig benutzen sie uns Halter als Transportmittel, und bewegen sich somit kaum. Die Leckereien sollten deshalb nur in geringen Mengen angeboten werden. Alternativ können statt Sämereien auch frische Ästchen, Blüten oder Kräuterzweigchen in den Kork gesteckt werden.

Foto: Mario Bichler

Vogelzucht und Beschäftigung - auch das funktioniert!

Foto: Gaby Schulemann-Maier

Die Zucht von seltenen oder vom Aussterben bedrohten Vögeln ist in der heutigen Zeit sehr wichtig geworden. Es werden Arterhaltungszuchtprogramme ins Leben gerufen, um diese wundervollen Tiere zu schützen und zu vermehren. Für eine erfolgreiche Zucht müssen viele Kriterien erfüllt sein. Gelingt dies, haben die Elternvögel einen Vollzeitjob und kümmern sich den ganzen Tag um ihren Nachwuchs. Während dieser Zeit benötigen sie keine zusätzliche Beschäftigung durch Spielzeug.

Viele Züchter passen daher die Gestaltung der Volieren ihrer Lieblinge diesen Begebenheiten an. Sie bieten den Vögeln nur einfache Schaukeln, Äste, Pflanzen, Badestellen,... an.

Was aber ist mit den Tagen im Jahr, in denen die Vögel nicht brüten oder ihre Küken aufziehen und einer zusätzlichen Beschäftigung nicht abgeneigt wären? Spielzeuge aus bunten Holzklötzen oder Schredderpapier finden wir in solchen Volieren eher selten. Züchter von Papageien, Sittichen und Cohalten oft mehrere Zuchtpaare in einem Bestand. Die Pflege derTiere benötigt sehr viel Zeit, vor allem während der Brutsaison. Der Kostenaufwand außerhalb der Brutzeiten jeden Tag ein neues Spielzeug anzubieten wäre sehr hoch. Das Spielzeug selber herzustellen scheitert oft an der mangelnden Zeit.

Darum ist eine Gestaltung des Lebensraumes dieser Vögel mit Beschäftigungsmöglichkeiten, welche der Halter ohne großen Zeit- und Kostenaufwand in größerer Menge herstellen kann, sinnvoll.

Pflanzenwände zur Gestaltung von Zuchtvolieren

Ist die Voliere von Erde umgeben, können wir um sie herum schnellwachsende Pflanzen, z.B. Kapuzinerkresse säen oder einpflanzen. Deren Ästchen ranken durch die Gitterstäbe und ihre kleinen Blätter können von den Vögeln abgeknabbert werden. Steht die Voliere auf Betonboden, ist es möglich, Kübel mit Bambus um diese zu stellen.

Da nur die Ausläufer der Pflanzen den Tieren zugänglich sind, können diese immer wieder neu nachwachsen und frische Zweige und Blättchen liefern, ohne dass der Halter einen Arbeitsaufwand damit hat.

Solche Pflanzenwände (Foto S. 95) sind nicht nur Beschäftigung für die Zuchtvögel, auch Insekten werden angelockt und bieten unseren Lieblingen eine zusätzliche Eiweißquelle. Des Weiteren dienen sie als Sichtschutz gegenüber anderen Vogelpaaren. So kann mögliches aggressives Verhalten gegenüber Artgenossen vermieden werden.

Crunchie-Kräckie-Matte

„Crunchie- Kräckie- Matten" sind für Züchter besonders geeignet, da diese schnell und ohne großen zusätzlichen Zeit- und Kostenaufwand hergestellt werden können.

Arbeitsutensilien und Zutaten

- Backofen
- Backpapier
- Gitterrost
- Mehlkleister

- Schüssel
- Geeignete Körnermischung, maximale Größe von Sonnenblumenkerne.

Anleitung

1. Ein Teil Mehlkleister und drei Teile der Körnermischung werden in einer Schale gründlich vermengt. Dabei ist es wichtig, dass die Füllung nicht zu flüssig ist. **Tipp**: Für poröse „Crunchie Kräckies" verwenden wir flüssigeren Mehlkleister. Wollen wir stabile Teilchen herstellen, benötigen wir festeren, klebrigen Kleber.
2. Diese Mischung sollte für ca. 5 Minuten ruhen, bevor sie weiter verwendet werden kann.
3. Das Backpapier wird auf das Backblech gelegt. Darauf wird die Körnermasse mit Hilfe des Teigschabers gleichmäßig verstrichen. **Tipp:** Eine Schicht zwischen 0,5- 1,5 cm ist optimal.
4. Die Körnermasse wird für ca. 20 Minuten bei 80 ° C im geschlossenen Backofen gebacken.
5. Ist diese Mischung trocken, können wir sie dank des Backpapieres leicht vom Blech abziehen.
6. Um auszukühlen, legt man die komplette „Crunchie -Kräckie- Matte" auf einen Gitterrost.
7. Es können nun die Platten im ganzen aufbewahrt werden oder wir zerbrechen diese und erhalten kleine Kräckies. Diese Teilchen können als Leckerli oder als Fütterungsalternative angeboten werden.

Gefüllter Ast

Dieser Ast lässt sich bestens in größeren Mengen herstellen. Wir sollten ihn zudem kühl und trocken lagern. Oft puhlen die Krummschnäbel nicht nur die Leckereien aus dem gefüllten Holz sondern zerschreddern das ganze Spielzeug.

Arbeitsutensilien und Zutaten

- Dicker Holzast, Länge ca. 20 – 30 cm
- Akkubohrschrauber
- Holzbohrer, Durchmesser angepasst an die Ösenschraube
- Forstnerbohrer
- Gitterrost
- Schale
- Ösenschraube aus Edelstahl
- Kettennotglied aus Edelstahl
- Mehlkleister (Seite 20)
- Bio-Vollkornmehl
- Geeignete Körnermischung, maximale Größe von Sonnenblumenkerne
- Nach Belieben Obst- oder Gemüseraspel, aus biologischem Anbau
-

Anleitung

1. Für den Teig wird ein Esslöffel Mehlkleister, drei Esslöffel Körnermischung und ein Esslöffel Bio- Vollkornmehl in einer Schale, gründlich vermengt. Es ist wichtig, dass die Füllung nicht zu flüssig ist. **Tipp**: Für eine knetbare Konsistenz fügt man entweder Körner bzw. Bio- Vollkornmehl hinzu oder weiteren Kleber. Je nach Wunsch können auch klein geraspelte Obst- oder Gemüsestückchen in den Teig vermengt werden. Ebenso lassen sich gehackte Walnussstücke einarbeiten.
2. Die Mischung sollte für ca. 5 Minuten ruhen, bevor

sie weiter verwendet werden kann.

3. Den Ast kontrollieren wir auf mögliche Verunreinigungen und säubern diesen bei Bedarf gründlich mit heißem Wasser.
4. Für die Aufhängung (Ösenschraube) wird mit Hilfe des Akkubohrschraubers ein Loch in ein Ende des Holzes gebohrt.
5. Die Schraube kann nun von Hand eingedreht werden.
6. Das Kettennotglied wird nun an der Öse angebracht.
7. In den Ast bohren wir mit Hilfe des Forstnerbohrers in regelmäßigen Abständen mehrere Löcher und füllen in diese die Körnermischung.

   Tipp: Wenn wir unsere Hände zuvor mit kaltem Wasser benetzen, verhindern wir, dass die Körnermasse daran kleben bleibt.
8. Sind die Löcher des Holzes vollständig gefüllt, muss dieses bei 100 °C für ca. 30 Minuten im Backofen backen.
9. Um auszukühlen legt man den gefüllten Ast auf einen Gitterrost.

Wackel-Kaffee

Foto: Jennifer Gekeler

Kaffeeholz ist extrem hart und deshalb bestens für größere Arten wie z.B. Soldatenaras, Palmkakadus ... geeignet.

Arbeitsutensilien und Zutaten

- Kaffeeholz
- Seil oder Kette, angepasst an die Größe des Vogels
- Akkubohrschrauber
- Holzbohrer, Durchmesser angepasst an die Ösenschraube
- Drahtbürste
- Hohe Schüssel, Durchmesser etwas größer als das Kaffeeholz
- Ösenschraube aus Edelstahl
- Kettennotglied aus Edelstahl
- Mehlkleister, cremige Konsistenz
- Geeignete Körnermischung, maximale Größe von Sonnenblumenkernen

Anleitung

1. Zuerst kontrollieren wir das Kaffeeholz auf mögliche Verunreinigungen und säubern dieses bei Bedarf gründlich mit heißem Wasser.
2. Für die Aufhängung wird mit Hilfe des Akkubohrschraubers ein Loch in ein Ende des Holzstückes gebohrt.
3. Die Ösenschraube kann nun von Hand eingedreht werden.
4. Wir tauchen nun das Kaffeeholz in den Mehlkleister und anschließend in die Körnermischung.
5. Nun muss es noch für ca. 20 Minuten bei 100° C im Backofen backen.
6. Anschließend lassen wir das fertige Spielzeug auf einem Gitterrost abkühlen.

7. Um das Spielzeug aufhängen zu können, wird nun das geeignete Seil oder die Edelstahlkette an der Ösenschraube befestigt und das Kettennotglied daran angebracht.
   Hinweis: Unsere Lieblinge werden diesen Wackel-Snack lieben. Aufgrund der hohen Härte des Holzes wird es, nachdem die Körnchen abgeknabbert wurden, selten zernagt. Um es wieder verwenden zu können, wird es mit einer Drahtbürste gereinigt.

Intelligenzspielzeuge

Papageien gehören zu den intelligentesten Tieren, die es gibt. Forscher vergleichen deren geistiges Potential mit dem von vierjährigen Kindern.

Intelligenz wird definiert, als die Fähigkeit, durch abstraktes und logisches Denken, Probleme zu lösen und daraus Schlüsse zu ziehen. Neue Forschungen versuchen herauszufinden, welche Papageien schneller und besser im Umsetzen von Erkenntnissen sind als andere Arten. Damit die Vögel ihr schlaues Köpfchen benutzen müssen, können wir ihnen Foraging Toys, z.B. Spielbretter anbieten. Hierbei ist am wichtigsten, dass die Tiere Spaß haben. Wir können uns gerne an die Grenzen des Möglichen vortasten, denn oft traut man unseren Papageien, Sittichen und Co zu wenig zu. Hat der Vogel mit viel Spaß das „Ziel", ein Leckerli, erreicht, sollte das Spielzeug entfernt werden. Wenn dann, nach einiger Zeit, das beliebte Foraging Toy wieder in die Voliere gehängt wird, hat das Tier dadurch einen größeren Anreiz, dieses erneut zu testen. Ist ein Spielzeug zu schwierig oder dessen Aufgabe nicht zu lösen, ist es für unsere Lieblinge ungeeignet.

Foraging Toys aus dem Handel

Spezielle Intelligenzspielzeuge für Vögel findet man immer mehr im Fachhandel. Sie bestehen aus Holz oder aus Kunststoffen, wie z.B. Acryl oder Polycarbonat. Der Vorteil von Kunststoffspielzeugen besteht hauptsächlich in der Reinigung. Oft können sie komplett auseinander gebaut werden.

Hinweis: Dabei ist zu beachten, dass alles, was für den Menschen zerlegbar ist, auch von einem Papagei oder Sittich auseinander genommen werden kann. Somit birgt es ein eventuelles Risiko für unsere Lieblinge.

Tipp: Wir können zudem auch Spielebretter verwenden, welche für Hunde, Katzen oder Hühner hergestellt wurden. Ihr habt richtig gehört! Auch Hühner sind äußerst intelligent und benötigen Beschäftigung. Doch sollten wir solche Foraging Toys nur unter Aufsicht anbieten.

Fotos dieser Doppelseite: Jennifer Gekeler

Spielebrett

Für dieses Intelligenzspielzeug benötigen wir eine Holzplatte. Ich bevorzuge dafür Buchenholz, weil dies stabiler als Kiefernholz ist und zudem gut zu reinigen. Wenn es nicht möglich ist, die benötigten Bretter selber in den benötigten Maßen zuzusägen, kann man sie im Baumarkt passend anfertigen lassen. Zudem findet man dort gelegentlich auch die sogenannten „Restekisten", in welchen sich oft passende Zuschnitte für unsere Vorhaben finden lassen.

Arbeitsutensilien und Zutaten

- Holzplatte aus Buchenholz, Maße ca. 30x 30 cm
- 2- 3 kleinere Holzbretter, ca. 8x 10 cm breit, Höhe 1,5-2,5 cm
- 2- 3 dünne Holzbrettchen, ca. 6x 8 cm breit, Höhe ca. 0,5- 1,0 cm
- Holzwürfel, ca. 2x 2 cm
- Akkubohrschrauber
- Hammer
- Schraubklemme oder Federklemme
- Lochbohrer Durchmesser ca. 4 – 5 cm
- Holzbohrer 6,5 mm und 10 mm
- Holzdübel, 7 mm
- Naturfarben (Seite 21)
- Schüssel
- Gitterrost
- Mehlkleister, dickere Konsistenz
- Einmalspritze
- Feines Schleifpapier
- Leckereien

Anleitung

1. Wir nehmen alle Holzteile und schleifen die Kanten mit Hilfe des Schleifpapiers ab.
2. In einer Schüssel werden die Hölzer je nach Wunsch mit unterschiedlichen Naturfarben gefärbt.
   Tipp: Um ein gutes Ergebnis zu erhalten, legen wir alle gefärbten Teile zum Trocknen auf einen Gitterrost. Damit kann die überschüssige Flüssigkeit abtropfen.
3. In das 8x 10 cm breite Holzstück wird nun ein Loch mit einem Durchmesser von 4- 5 cm gebohrt und daneben in einem Abstand von ca. 2 cm ein kleineres mit 6,5 mm.
4. Mit der Einmalspritze wird etwas Mehlkleister aufgezogen und in das 6,5 mm große Loch gespritzt. In diese Bohrung drücken wir nun fest den Holzdübel.
5. Als Deckel für das Spielzeug verwenden wir das 6x 8 cm breite, dünnere Holzbrettchen. An dessen Rand bohren wird, mit Hilfe des Akkubohrschraubers, ein 10mm großes Loch.

6. Das Loch des Deckels wird nun in den Dübel gesteckt.
7. Anschließend nehmen wir den Holzwürfel und bohren, mit Hilfe des Akkuschraubers, ein Loch in dessen Mitte. Dieses füllen wir ebenso mit Kleber und drücken den Würfel auf den Dübel.
8. Das fertige Schiebeteil wird jetzt auf dessen Unterseite dünn mit Mehlkleister bestrichen und auf die 30x 30 cm große Buchenholzplatte gesetzt.
9. Mit Schraub- bzw. Federklemmen fixieren wir die beiden Teile unter Druck fest miteinander.
10. Das Spielzeug muss für 24 Stunden vollständig austrocknen. Erst dann entfernen wir die Klemmen.
11. Es kann nun mit verschiedenen Leckereien gefüllt werden.

Basisbrett

Für ein Basisbrett verwenden wir eine Buchenholzplatte. Diese sollte mindestens eine Breite von 15 cm aufweisen, egal für welche Papageien oder Sittiche wir es später verwenden. Ist es zu schmal, hat es zu wenig Stabilität und fällt leichter auf die Seite.

Arbeitsutensilien und Zutaten

- Holzbrett aus Buchenholz, Mindestbreite 15 cm
- Akkubohrschrauber
- Holzbohrer 10 mm
- Drei Rundstäbe, Stärke 10 mm, Länge ca. 10 cm.
- Mehlkleister
- Einmalspritze
- Schleifpapier
- Hammer

Anleitung

1. In die Buchenholzplatte bohren wir mit Hilfe des Akkuschraubers in regelmäßigen Abständen drei Löcher mit je 10mm Durchmesser.
   Tipp: Die Markierungen für die Löcher zeichnen wir am besten mit einem Bleistift vor.
2. Scharfe Kanten können mit einem Schleifpapier geglättet werden.
3. Nun wird mit der Einmalspritze etwas Mehlkleister aufgezogen und in die Löcher gespritzt.
4. Die Rundstäbe werden an einem Ende mit einem Schleifpapier angeschliffen und mit Hilfe eines Hammers in die mit Mehlkleister gefüllten Bohrungen geklopft.
5. Das Basisbrett muss für 24 Stunden vollständig trocknen.

Spielzeuge im Test

Bei den deutschsprachigen WP- und Papageienworkshops der LoroParqueFundacion und des Arndt Verlags konnte ich oft kleine Spielzeug- bzw. Intelligenztests an den verspielten, schlauen und aufgeweckten Keas durchführen. Warum gerade mit diesen neuseeländischen Papageien? Keas haben im Vergleich zu anderen Arten, wie z.B. Graupapageien, keinerlei Berührungsängste. Sie spielen immer und überall.

Hütchenspiel

Das Hütchenspiel war das erste Spielzeug, welches ich bei den Keas im LoroParque testen konnte. Auf ein Basisbrett steckte ich mit Leckereien gefüllte Becher. Diese fixierte ich mit mehreren Bambusstäbchen an den Holzstäben.

Spielzeugtest im Loro Parque auf Teneriffa

Die Aufgabe der Vögel bestand darin, die Bambusstäbchen aus den Löchern zu ziehen. Dann sollten die Becher nach oben geschoben werden, bis sie von den Holzstäben fallen, damit die Leckerlies zu erreichen sind. Doch wie man oft erst durch Austesten bei den Tieren herausfindet, hatte das Hütchenspiel einen Planungsfehler.

Die Bergpapageien waren sofort zur Stelle und begutachteten das neue Spielgerät. Schwuppdiwupp lag das Spielzeug auf der Seite und die Nussstückchen auf dem Boden. Es war für die Keas eine leichte Übung das Hütchenspiel umzuwerfen, und somit einfach an die Belohnung zu kommen. Diesen schnellen Verlauf hatte ich mir für den Test natürlich nicht vorgestellt. Ich füllte die Becher erneut und verkeilte das Basisbrett fest zwischen zwei Baumstämmen. Nun entdeckten die Keas den Trick und begannen eifrig die Bambusstäbchen aus den Löchern zu ziehen. Als nächstes zogen sie die Becher nach oben, bis sie aus den Holzstäben fielen. Entgegen meiner Erwartungen zeigten die Keas wenig Interesse an den Nüsschen. Stattdessen packten sie Becher an ihren Löchern und schleuderten sie durch die ganze Voliere, „ertränkten" sie im Bachlauf, um sie anschließend mit ihren Schnäbeln wieder zu „retten". Somit zeigte sich, dass das Hütchenspiel noch mehr Spaß für die Papageien enthielt als gedacht.

Foto: Dr. Matthias Reinschmidt

Wackelscheibe

Die Wackelscheibe besteht aus einer Acrylglasplatte, welche mit einer Stärke von 10 mm extrem stabil ist. Sie wurde von mir an einer Kette an der Decke der Kea-Voliere befestigt. Spannend war das Spielzeug dadurch, dass das Loch für die Aufhängung sich exakt in dessen Mitte befand und es damit in alle Richtungen beweglich war. Zusätzlich hatte ich ein Loch in die Scheibe gebohrt. In dieses steckte ich eine lange Schraube. Ich befüllte einen Kunststoffbecher mit kleinen Walnussstückchen und fixierte diesen mit Hilfe einer frischen Karottenscheibe auf der Halterung. Damit die Keas sich auf der Wackelscheibe halten konnten, wurde ein Bambusrohr auf die Kette gefädelt.

Spielzeug-Test im Loro Parque auf Teneriffa

Die Vögel waren anfangs sichtlich irritiert, und es dauerte eine Zeit, bis sie das Spielzeug auskundschafteten. Schließlich versuchte ein Jungtier, von oben, an den Becher zu gelangen. Dieses Vorhaben war sehr schwierig, denn nicht nur die Scheibe wackelte auch das Bambusrohr war beweglich. Nach mehreren Anläufen, an das Leckerli im Becher zu gelangen, versuchten die neuseeländischen Papageien, das Problem auf anderem Wege zu lösen. Nun wurde das Spielzeug von unten mehrmals angesprungen und schließlich lockerte sich die Karotte. Der Becher rutschte weiter nach unten und die Keas waren wieder motiviert. Kurze Zeit später fiel der Becher herunter, und die Vögel kamen an ihre Belohnung.

Beschäftigungsstein

Was ist ein Beschäftigungsstein? Er besteht nicht, wie der Name den Anschein macht, aus einem Stein. Es ist ein „Kunstfelsen", hergestellt aus einer Zementmischung, welche speziell an die starken Schnäbel der Tiere angepasst und somit nur schwer zerstörbar ist. Mit einem solchen Stein kann ich, je nach seiner Größe, den Papageien bis zu acht verschiedene Spielmöglichkeiten anbieten.

Spielzeugtest im Loro Parque auf Teneriffa

Da der Beschäftigungsstein in meinen Koffer passen musste, hatte dieser nur drei statt maximal acht Spiele-Möglichkeiten. An der Kea-Voliere angekommen, füllte ich dessen beide Löcher mit kleinen Pappbällchen, Verpackungspapier und Leckereien und verschloss sie mit zwei Kunststoffbechern. Zudem wurde eine mit Walnussstückchen gefüllte Futteröhre aus Acrylglas mit Hilfe einer Kette am Spielzeug befestigt. Ich verschloss die Röhre an beiden Enden mit Kartonkorken.
Schon während dieser Aufbau-Phase wurde ich von Zoobesuchern, den Workshop-Teilnehmern und natürlich den Keas genaustens beobachtet. Für die verspielten Vögel, wie die Neuseeländischen Bergpapageien, eine wunderbare Abwechslung! Die eine oder andere Stelle meines Schuhs wurde ausgiebig erforscht und in Mitleidenschaft gezogen. Da das Innere des Steins mit allerlei gefüllt war, war ich gespannt, ob die Papageien versuchen würden, ihn umzuwerfen, um so an die Leckereien zu gelangen. Da der Stein ca. 6,5 kg wog, war dies für die Bergpapageien trotz einiger Versuche unmöglich. Stattdessen machten sich ein paar der Vögel an den Bechern zu schaffen, zogen diese mühelos aus den Löchern und spielten vergnügt damit. Derweil machten die anderen Keas sich daran, die bunten Papierbällchen aus den Felsenöffnungen zu ziehen und die darin enthaltenen Leckereien mit Hochgenuss zu verspeisen. Es überraschte mich, dass die Papageien mit der Futterröhre am längsten zu tun hatten.

Beschäftigungsstein Loro Parque *Foto: Jennifer Gekeler*

Da die Röhre durch die Kartonkorken sehr fest verschlossen war, konnten die Tiere diese nur schwer lockern. Es dauerte wirklich seine Zeit, bis sie einen der Korken entfernen konnten. Kaum war es soweit, wurden alle Leckereien herausgezogen und anschließend verspeist. Der Felsen wurde jedoch nicht beachtet. Nach kurzer Zeit interessierte sich die Mehrzahl der Vögel wieder für mich und meine Schuhe, doch bevor diese total durchlöchert waren, verließ ich die Voliere mit der Erkenntnis, dass auch Futterröhren eine tolle Beschäftigung für unsere Lieblinge sein können.

Futterröhren

Die Futterröhren können nicht nur bei Papageien oder Sittichen verwendet werden, ich habe sie auch schon bei Erdmännchen getestet. Es ist sowohl für die kleinen als auch die größere Vogelarten geeignet. Ihre Größe sollte dem jeweiligen Tier angepasst werden. Es gibt die Möglichkeit, sie mit oder ohne Löcher herzustellen. Sie können auf einer ebenen Fläche oder hängend unseren Lieblingen angeboten werden.

Foto: Jennifer Gekeler

1. Snack-Rolle aus Bambus

Sie ist die einfachste und billigste in der Herstellung.

Arbeitsutensilien und Zutaten

- Bambusrohr, angepasst an die Größe des Vogels
- Akkubohrschrauber
- Holzbohrer
- Holzkugel
- Pellets oder sonstige kleine Körnchen
- Kolbenhirse

Anleitung

1. Wir bohren mit Hilfe des Akkubohrschraubers ein bis drei Löcher in das Bambusrohr.
2. Die Röhre wird mit Leckereien gefüllt. Hinweis: Es muss darauf geachtet werden, dass die Fütterungsmenge der Leckerli 5% der Körpermasse des Vogels nicht überschreiten darf.
3. Nun verschließen wir die Futterröhre auf einer Seite mit einer Karotte, Papier oder einer Holzkugel.

Korken aus einer Karotte

Auch aus Karotten können wir einen Verschluss herstellen. Dazu wird eine solche mit ihrem dünnen Ende in den Bambus geschoben, bis sie mit ihrer dicken Seite diesen verschließt. Den äußeren Teil der Möhre schneiden wir ca. 1,5 cm vom Bambusrohr entfernt ab, ebenso ihre Spitze, die für das Röhreninnere gedacht ist. Wir erhalten somit einen vegetarischen Korken, welcher auch als kleiner gesunder Snack dienen kann. Der Papagei oder Sittich kann entweder die Karotte entfernen bzw. auffressen, um somit an die Leckereien zu gelangen. Er kann auch die Futterrolle so lange hin und her rollen, bis die Körnchen aus den gebohrten Löchern fallen.

Korken aus Papier

Für diesen Verschluss benötigen wir einen länglichen Versandkarton. Diese bestehen oft aus mehreren Schichten mit einem Hohlraum zwischen je zwei Papierlagen. Die dadurch geschaffene Stabilität ist in unserem Fall nicht wichtig. Um die einzelnen Schichten zu „brechen“,werden die Streifen unter Druck über den Oberschenkel gezogen. Sie sind nun flexibler und können besser zu einer gleich-

mäßigen Rolle aufgewickelt werden. Diese kann nun in das Rohr gesteckt werden.
Tipp: Es empfiehlt sich, den Papierstreifen zunächst nur locker in die Öffnung zu stecken. Damit verliert der Vogel nicht gleich zu Beginn seine Motivation, daran zu ziehen. Ist der Papagei oder Sittich geübter darin, kann man den Korken fester verankern.

2. Futterröhren aus Polycarbonat- oder Acrylröhren

Auch aus Kunststoff lassen sich Futterröhren basteln. Ihre Herstellung unterscheidet sich nicht von den Snack-Rolls. Jedoch wird Polycarbonat und Acrylglas beim Durchbohren oft zu heiß und verschmilzt. Ebenso kommt es oft zu Rissen. Wir sollten Bohrer verwenden, welche eine hohe Schneidleistung aufweisen und speziell für die Bearbeitung von Kunststoffen verwendet werden. Meinen Erfahrungen nach können auch spitzige und scharfe Metallbohrer benutzt werden.

3. Futterröhre zum Aufhängen

Dieses Spielzeug besitzt viele Löcher, in welche kurze Bambusstäbchen eingebracht werden. Der Papagei oder Sittich muss hierbei jedes einzelne Stäbchen aus dem Rohr ziehen, damit das Leckerli immer weiter nach unten rutscht, bis es schließlich aus dem Spielzeug herausfällt und der Vogel es verspeisen kann.

Arbeitsutensilien und Zutaten

- Bambus oder Acrylglas- bzw. Polycarbonatrohr
- Akkubohrschrauber
- Holz- oder Metallbohrer mit dem Durchmesser der Holz-, Bambusstäbchen

Fotos dieser Doppelseite: Jennifer Gekeler

- Kleine dünne Holz- oder Bambusstäbchen
- Macadamia-, Hasel oder Walnuss
- Säge
- Seil oder Edelstahlkette
- Aufhängung (Kettennotglied aus Edelstahl)
- Schleifpapier

1. Wir sägen fünf dünne Stäbchen 4- 6 cm länger als der Durchmesser des Rohres. Man kann auch ganz normale Rundstäbe aus dem Baumarkt verwenden.
   Tipp: Wenn wir Stäbchen aus Bambus verwenden, nutzen wir eine Eigenheit des Bambus zu unseren Zwecken. Er besitzt zwischen jeder kleinen Kammer sogenannte „Narben".Sägen wir die Stäbchen sozurecht, dass das sie auf einer Seite eine Narbe und auf der anderen keine haben, kann der Papagei diese später nur auf einer Seite des Rohres herausziehen. Damit haben wir einen zusätzlichen Schwierigkeitsgrad für unsere Papageien oder Sittiche geschaffen.
2. In das Bambusrohr bohren wir mit Hilfe des Akku-

bohrschraubers ca. 10 Löcher entsprechend der Durchmesser der Holz- oder Bambusstäbchen. Benutzen wir eine Röhre aus Kunststoff, brauchen wir einen Bohrer mit entsprechend hoher Schneidleistung, s. „Futterröhren aus Polycarbonat- oder Acrylröhren". Es ist wichtig, dass die Löcher einander gegenüber waagerecht gesetzt werden. Bohrt man sie schräg zueinander, rutschen die Stäbe von alleine heraus. Wir erhalten fünf Lochpaare.

Tipp: Damit der Vogel nicht von oben an das Leckerli gelangt, sollte das erste Lochpaar ca. 8 cm von der Röhrenöffnung entfernt angebracht werden.

3. Da wir das Spielzeug aufhängen, müssen im oberen Bereich zwei Löcher für das Seil oder die Edelstahlkette gebohrt werden.
4. Scharfe Kanten, Holz- oder Kunststoffsplitter sollten

Foto: Jennifer Gekeler

mit einem Schleifpapier geglättet werden.

5. Das geeignete Seil oder die Edelstahlkette wird nun an den zwei obersten Löchern befestigt und das Kettennotglied daran angebracht.
6. Jetzt stecken wir in alle dafür vorgesehenen Löcher die Bambusstäbchen. Wir befüllen das Rohr mit einem Leckerli an dessen oberer Öffnung.
   Tipp: Für große Röhren bzw. Papageien sind Macadamia- oder Walnüsse am besten geeignet. Kleineren Vogelarten können wir ca. zwei Zentimeter große Kolbenhirsestücke anbieten.

Intelligente Kiste

Die intelligente Kiste ist ein wirklich anspruchsvolles Spielzeug für Papageien. Sie wurde aus einer „Losbox", die man im Handel beziehen kann, hergestellt. Dabei war es wichtig, dass sie gefüllt und anschließend mit einem Schloss gesichert werden konnte. Da die Kiste aus weichem Kunststoff besteht, welches die Keas zernagen würden, war es wichtig, sie nur unter Aufsicht den Vögeln anzubieten.

Wie man auf dem Bild erkennen kann, wurden an den Seiten und am unteren Teil der Kiste mehrere größere Löcher mit Hilfe einer Lochsäge gebohrt. Es war wichtig, dass die Keas nur ihren Schnabel und nicht den kompletten Kopf in die Löcher stecken konnten. Am Schlitz der „Losbox" wurde ein „Schieber" eingebaut, von dem ein dickerer Holzstab ins Innere hing. Durch diesen wurde ein Becher mit Leckerlis geschoben, der durch ein dünneres Holzstäbchen fixiert war.

Die Keas konnten nur an die Walnuss gelangen, indem sie den Schieber mit dem Becher dicht an eines der Löcher in den Seitenwänden schoben. Nun mussten sie das dünne Holzstäbchen herausziehen, damit der Becher auf den Boden fiel. Mit Hilfe ihrer Schnäbel konnten die neuseeländischen Bergpapageien durch die Löcher die leckeren Walnussstückchen „herausfischen". Ich war im Zweifel darüber, ob den Vögeln diese knifflige Aufgabe, tatsächlich gelingen würde.

In der „Wilhelma", dem zoologischen Garten in Stuttgart, hatte ich die Möglichkeit, die intelligente Kiste zu testen. Ich begann bei einer Gruppe von Keas, bestehend aus den Elterntieren und dessen Jungtier. Diese drei standen sich vorwiegend gegenseitig im Weg und behinderten dadurch die Lösung des Problems. Durch Zufall gelangten sie dennoch an das Leckerli. Da die „Losbox" relativ leicht war, wurde sie von den Vögeln durch die Voliere geschoben und schlussendlich auf ihren Deckel gedreht. Dabei fiel die Walnuss heraus.
Als nächstes probierte ich die Kiste an einem einzeln gehaltenen Bergpapagei aus. Dieser verhielt sich komplett anders als die Kea- Familie. Er probierte aus und beobachtete in aller Ruhe und kam dadurch innerhalb kürzester Zeit zur richtigen Lösung.

Hinweis: Videos zu diesen Spielzeugtests findet ihr auf meinem Youtube-Channel, „Spielzeug für Tiere".

Schlusswort und Danksagung

Ohne die zusätzliche Hilfe von Gaby Schulemann-Maier, Manuela Rein, Dr. Matthias Reinschmidt, Isabell Ziermann, Michael Hoffmann und Mario Bichler wäre dieses Buch nicht mit einer solch großen und schönen Vielfalt an Fotos bestückt. Renate Lenz danke ich ebenfalls für ihre Unterstützung. Besonderer Dank gilt meinem Bruder, der mir sein Atelier „Foto und Film" zur Verfügung stellte. Meinem Lebensgefährten bin ich dankbar für seine Geduld während aller Entwicklungsphasen. Ebenso danke ich meinen Eltern, die mich über alle Jahre bei der Haltung und Aufzucht meiner Vögel unterstützt und mir Hilfe bei der Realisierung meiner Projekte gegeben haben.

Dieses Buch habe ich mit viel Herzblut geschrieben. Ich hoffe, ihr lasst euch in die Welt des Selberbastelns entführen und dazu anregen, den einen oder anderen Tipp bei euren Papageien, Sittichen und Co umzusetzen. Es wird immer Unterschiede geben bezüglich Meinung und Umsetzung, doch eines verbindet uns Vogelhalter gleichermaßen: die Liebe zu unseren exotischen Freunden!

Über die Autorin

Die Autorin des Buches „Kreative Beschäftigung für Papageien, Sittiche & Co. - Über 100 Ideen & Anleitungen zum Basteln, Schreddern, Zerlegen" wuchs in einem kleinen Dorf, auf der Schwäbischen Alb auf. Sie hatte das Glück, von Wald, Wiesen und Tieren umgeben zu sein. Seit ihrer Kindheit beschäftigt sich Jennifer Gekeler mit der Haltung und Aufzucht verschiedener, exotischer Vögel, darunter Wellensittiche, Nymphensittiche und Gebirgsloris. 2014 gründete sie das Kleinunternehmen „Spielzeug für Tiere", welches sinnvolle und qualitativ hochwertige Beschäftigungsmöglichkeiten, nicht nur für Papageien und Sittiche, herstellt. Mit Teilen des Ertrages unterstützt sie regelmäßig verschiedene Artenschutzprojekte, welche den Erhalt bedrohter Papageien ermöglichen und sichern. In der Fernsehsendung „hundkatzemaus" des TV Senders Vox konnte Jennifer Gekeler bereits ihre Ideen an ein breites Publikum weitergeben. Auch im weltbekannten Loro Parque auf Teneriffa, hält sie, während der deutschsprachigen Workshops des Arndt-Verlags, Vorträge über Beschäftigungsmöglichkeiten für Papageien und Sittichen. Seit 2016 entführt die Autorin die Leser des WP-Magazins in die Welt des Spielzeug Bastelns.

Impressum

Gekeler, Jennifer
Kreative Beschäftigung für Papageien, Sittiche & Co. - Über 100 Ideen & Anleitungen zum Basteln, Schreddern, Zerlegen

Titelfotos: Hauptbild von Michael Hoffmann. Kleine Fotos: Jennifer Gekeler, außer 2. Bild von rechts: Oliver Giel

1. Auflage (2019)

Arndt-Verlag, Bretten

ISBN 978-3-945440-42-1

Gesamtgestaltung: Birgit Bautz-Schäfer
Lektorat: Susanne Rückemann

Gedruckt in Deutschland, Druckerei WMD Backnang

Register

Für Ihre Notizen